含氧化合物中
氧缺陷与高压相变

侯春菊　著

北　京

冶金工业出版社

2023

内 容 简 介

本书从晶体点缺陷和相变两个方面着手，探讨影响或者改善材料性质的原因和手段，其主要包括功能材料磷酸二氢钾 KDP 和快氧离子导体 $La_2Mo_2O_9$ 两种材料中氧空位与材料性质的关系，以及 XeO_3 和 AgO 两种氧化物由于高压相变引发的新颖的物理现象。从原子级层面分别阐述了缺陷特征、多空位体系的结构特点与扩散机制，以及由于压强诱发相变的直观物理过程，给出了相应的微观解释，并讨论了晶体缺陷和相变在改变材料性质中所起的作用。本书内容涉及材料结构、缺陷性质、缺陷扩散、价键理论、价态变化和相变机理。

本书可供材料、物理和化学类专业的本科生及研究生教学参考，也可供从事材料缺陷、相变的科研人员阅读。

图书在版编目 (CIP) 数据

含氧化合物中氧缺陷与高压相变 / 侯春菊著 . —北京：冶金工业出版社，2023. 4

ISBN 978-7-5024-9415-5

Ⅰ. ①含…　Ⅱ. ①侯…　Ⅲ. ①有机金属化合物—金属材料—研究　Ⅳ. ①TG14

中国国家版本馆 CIP 数据核字 (2023) 第 035080 号

含氧化合物中氧缺陷与高压相变

出版发行	冶金工业出版社	**电　话**	(010)64027926
地　址	北京市东城区嵩祝院北巷 39 号	**邮　编**	100009
网　址	www.mip1953.com	**电子信箱**	service@ mip1953.com

责任编辑　王　双　美术编辑　吕欣童　版式设计　郑小利
责任校对　梅雨晴　责任印制　禹　蕊
北京印刷集团有限责任公司印刷
2023 年 4 月第 1 版，2023 年 4 月第 1 次印刷
710mm×1000mm　1/16；8.25 印张；161 千字；122 页

定价 66.00 元

投稿电话　(010)64027932　投稿信箱　tougao@cnmip.com.cn
营销中心电话　(010)64044283
冶金工业出版社天猫旗舰店　yjgycbs.tmall.com
(本书如有印装质量问题，本社营销中心负责退换)

前　言

　　氧（oxygen）在自然界中分布最广，约占地壳总质量的 48.6%，是丰度最高的元素。其核外电子构型为 $1s^2 2s^2 2p^4$，化学性质活泼，电负性仅次于氟，与绝大部分金属、非金属元素都能发生反应而形成氧化物或者含氧化合物。含氧化合物在自然界中占有绝对优势，并且含氧功能材料化合物的应用已涉及科技和生活的方方面面，因此如何改善该部分材料的性质或者开发新性能具有一定的现实意义，也是材料物理研究的焦点之一。本书从含氧化合物中的氧缺陷和高压相变两个方面入手，综述了部分含氧化合物中氧空位在不同带电态下的反应特征、与光学性质的关系、多氧空位体系结构特征、扩散机理，以及高压对晶体结构、热力学稳定性、电子结构性质和成键机制的影响，并从氧空位和高压相变两个方面探讨了改善材料性质的作用及在材料科学中的应用。

　　本书共设 7 章。第 1 章综述了点缺陷和相变致使材料失效或所呈现的新颖性质的特征，以及相关领域研究现状和最新进展；第 2 章介绍了本书涉及的理论方法和手段；第 3 章介绍磷酸二氢钾（KDP）晶体中氧空位结构特征、不同带电态环境下的电子结构特点以及对光学性能的影响；第 4 章介绍了多空位体系氧离子导体 $La_2Mo_2O_9$ 晶体特征、氧空位分布、氧离子的协同扩散行为；第 5 章介绍了氧离子导体 $La_2Mo_{2-x}R_xO_9$（R = Cr、W）的结构特点、扩散特征，以及取代对稳定高压相的贡献；第 6 章介绍了分子晶体 XeO_3 中 Xe—O 键长随压强增大而呈现出键长变长、拉伸振频率动红移的反常现象，说明 XeO_3 分子间存在新型的非共价键类氢键——惰性气体键；第 7 章介绍了混合价态氧化物 AgO 在压强驱动下发生半导体——金属转变以及 Ag 的价态变化，并解释了相变机制。

　　本书的一部分内容是基于作者攻读博士学位期间的科研成果而撰

写的，在此，特别感谢刘长松研究员的指导和方前锋研究员的帮助。本书的另一部分内容是作者基于在江西理工大学和北京计算科学研究中心从事博士后工作期间取得的研究成果而撰写的。本书内容所涉及的科研成果获得国家自然科学基金项目（项目号：10674135、50672100和11547026）、中国科学院知识创新工程（项目号：KJCX2-SW-W17）和安徽自然科学基金（项目号：050440901）、江西省教育厅基金项目（项目号：GJJ11129和GJJ2200838）、江西理工大学博士启动基金项目（项目号：205200100506）等经费的支持和资助。在此一并致以诚挚的感谢。

　　由于作者学术水平有限，书中不足之处，恳请读者批评指正。

侯春菊

2022 年 9 月

目　　录

1 绪 论

影响或改变材料性质的因素有多种，其中缺陷和相变是在改变材料性质的诸多因素中较为典型的两种。本章主要介绍点缺陷与相变的相关知识，包括点缺陷对光学性质的影响、扩散的异常现象，高压诱发化学键的对称化、元素价态变化导致的相变，同时概述本书主要内容。

1.1 点缺陷与相变

材料科学因涉及物质性质及其在各个科学与工程领域的综合应用，因此在社会发展、生产力水平提高乃至反映一个国家的科技水平等方面均扮演着重要角色。目前，光电子材料、纳米材料、磁性材料、声学材料等功能材料已覆盖人们生活的方方面面。科学技术的不断发展不仅促进了材料在更广领域的应用，也对材料性能提出了更高、更多的要求。因此，如何提高功能材料的性能、研制开发新功能材料成为全球材料科学研究的主要问题。改善材料性能或诱发材料新性能的方法多种多样，其中避免或引入缺陷与相变是比较常用的两种传统方法。

1.1.1 点缺陷与光吸收和扩散

缺陷是影响材料性质的一重要因素，因材料在实际生产和应用过程中由于外界环境因素会导致在其内部会出现各种缺陷，如在拉伸过程中晶界处出现的位错、核材料服役过程中出现的氢泡等。根据缺陷尺寸不同可分为点缺陷、线缺陷和面缺陷。其中点缺陷是一种零维的结构缺陷，在材料生长或受辐照或遇热等情况下极易出现。点缺陷作为材料中一系列弛豫现象的根源，是物质输运的主要载体，也是容纳晶体对化学配比偏离的重要方式[1]。点缺陷之间可以交互作用而形成点缺陷群，缺陷的有序化或各种广延缺陷等多种复合缺陷形式对晶体结构敏感的许多性质产生重要的影响，例如影响结构材料的导热性、导电性、光学性和宏观力学性等。当然，也可通过在材料中引入缺陷从而达到改善性质的目的，例如在 ZrO_2 中掺杂 Y_2O_3 引入氧空位从而提升电导率。因此，对于缺陷的研究几乎贯穿了物理学中的每个分支，同时关于缺陷研究也形成了一门新的学科[2]。

一般来说，晶体中的点缺陷具有束缚电子或释放电子的共性，从而在晶体内部形成定域态，进而影响材料的一些光学、电学等性质。对点缺陷的研究可根据需要采用实验上的内耗法、介电弛豫法和电子顺磁共振等。近年来随着计算机产业的飞速发展，材料科学中新发展了以理论计算为主的新分支——计算材料科学[3]，可借助于计算机来研究材料中的一些点缺陷，从而可获得丰富的与缺陷相关的信息（微观结构组态、电子态密度、缺陷扩散性质等）[4-10]，揭示缺陷对材料性质的正负面影响，为设计新材料和改善材料性能提供有价值的信息。计算模拟能突破现有实验分析手段的客观限制，为材料新性能的设计和预测带来了便利，它已经成为研究材料中点缺陷重要方法。目前，计算材料科学已被广泛应用于材料、化学、生物、医学等领域。

　　点缺陷在不同材料中的作用表现形式不同，如能加速与扩散有关的相变、化学热处理、高温下的塑性变形、固相反应、烧结和断裂等过程。过饱和点缺陷还可以提高金属的屈服强度。点缺陷还可调控半导体禁带的宽度与载流子的浓度和迁移率，可以通过掺杂等改变半导体的磁学性质，通过点缺陷的扩散提高材料的导电性能等，这些都是我们可以加以利用的。另外，点缺陷也可能对一些材料性质产生不利影响，如在带隙中引入杂质能级影响材料的光学性质，缺陷的扩散聚集导致材料的老化等。在这里着重讲述点缺陷与光吸收和扩散的相关问题。

　　研究发现晶体材料中存在的色心与光吸收有直接的关系，比如 Al_2O_3、MgO[11-16]，基于实验结果推测色心可能是 O 空位所致。因氧空位在晶体中俘获电子数量不同在晶体中存在中性色心（F）、正一价色心（F^+）和正二价色心（F^{2+}）。Vainshtein[11]关于 Al_2O_3 吸收心的实验研究，发现 F^+ 色心和 F 色心是 Al_2O_3 在 6.05eV 附近出现吸收谱的主要原因。相应的理论计算结果显示，氧空位存在会导致带隙中缺陷态的出现[12,13]。$PbWO_4$ 为代表的闪烁经过高能辐照后，也会出现一系列吸收带[14-19]，研究还显示不同退火气氛实验表明晶体中存在的 Pb、O 点缺陷及两者复合缺陷可能与光吸收有关[14-17]。理论计算[18,19]结果表明，$PbWO_4$ 晶体中 WO_3+V_O 缺陷的 O 2p→W 5d 跃迁是引起 350nm、420nm 附近的光吸收的主要原因，而铅空位和氧空位与 330~700nm 之间的吸收带有关。

　　光吸收问题也是非线性光学晶体关注的问题，如典型的非线性光学晶体 KDP，在 300~650nm 波段范围有一光吸收带，导致其光学性质的下降。实验推测 KDP 中光吸收与晶体中的点缺陷[20-24]有直接关系。1998 年 Setzler 用 EPR 谱观测到了 H 原子和 HPO_4^-（见图 1-1）[24]，但缺少理论验证。2003 年刘长松等人[25,26]运用第一性原理研究了各种带电态情况下 H 缺陷，发现中性情况的 H 间隙原子与最邻近的主 O 原子或主 H 原子并未发生相互作用，而当吸收一个电子后，H 间隙原子与主 H 原子结合而形成了间隙 H_2 分子同时产生一个 H 空位，并导致一个氢键断开；当增加一个空穴时，H 间隙原子与主 O 原子间形成很强的氢氧键，同时也使得与该 O 原子相连的氢键断开。对于 H 空位，最显著的变化是当引入一个空穴时，与空位相连的两个 O 原子形成"过氧化氢"桥结构。并且中性氢间隙原子和阳性 H 空位均在带隙中引入缺陷态。关于 KDP 中间隙氧[27,28]的研究发现，中性和-1 带电态氧间隙均在带隙中引入缺陷态：对于中性态，间隙氧与主氧原子键合并吸引一个近邻主 H 原子，从而生产复合体 O—O—H。俘获一个电子后使 O—O 键断裂，而形成一个孤立的 O—H 键，同时在带隙中靠近费米能级处引入一个缺陷能级，-2 带电态氧间隙则和近临的两个主 H 原子结合而生成一个孤立水分子，同时伴随两个 O—H 键的断裂，带隙中的缺陷能级消失。理论研究结果均证实了由于 H 点缺陷、O 间隙原子存在造成 KDP 的光吸收从而导致该材料光学性质的下降。Garces 等人[29]用 EPR 谱实验发现在 KDP 晶体中存在 5 种氧空位中心，并推测该缺陷与 KDP 的光吸收有关。

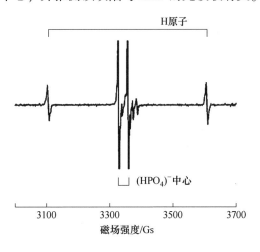

图 1-1　44K 时 KDP 晶体的 EPR 谱[24]

材料中的点缺陷，可借助于内耗谱（力学谱）和介电弛豫谱来确定其存在的状态和扩散动力学过程。在传统的弛豫理论中，其弛豫过程可用经典的 Boltzmann 统计理论来描述，弛豫时间满足 Arrhenius 关系。但是在一些材料中，点缺陷的弛豫或扩散产生了难以用传统的弛豫理论解释的现象，其弛豫现象主要表现为弛豫时间与温度的非 Arrehenius 关系、弛豫峰的峰宽，以及弛豫强度不再依赖 $1/T$ 的关系。

中国科学院固体所研究人员于 1990 年采用内耗谱实验[30]研究了 YBCO 高温超导体中与氧空位短程扩散情况，观察到内耗峰峰高不随温度变化的现象，并将此解释为氧空位的无序扩散过程。Bohnke 等人[31]用阻抗谱研究钙钛矿结构（ABO_3）型离子导体 $La_{2/3-x}Li_{3x}TiO_3$ 的电导时发现，电导和温度谱曲线同样不再满足 Arrhenius 关系，并推测该材料中高离子电导来源于钙钛矿结构中 A 位置上的空位，出现反常的非 Arrhenius 关系的激活可能是由于牵扯到 TiO_6 八面体的扭转。Weller 等人[32]在 Y_2O_3 稳定的 ZrO_2 中观察到了 2 个与氧空位及 Y 的复合体有关的内耗峰，其峰宽宽于标准德拜峰，推测内耗峰的宽化来源于点缺陷间的相互作用。Pasianot 等人[33]用分子动力学模拟 Zr 中的间隙子在无外应力的扩散特性时，发现扩散系数随温度变化的关系也不满足 Arrhenius 关系，说明在一些金属中点缺陷扩散的机制也不止一种。在 $BaTiO_3$ 四方相温区的恒温内耗频率谱测量结果表明，在温度低于 93℃时，氧空位的弛豫也不能用通常的 Arrhenius 关系求得正确的弛豫激活能[34]。基于密度泛函的第一性原理和 NEB（nudged elastic band）研究 $Ba_2In_2O_5$ 结构性质和氧离子在空间的扩散行为时，发现在 36 个原子所组成的体系中存在大量不同的局域结构组态，并认为实验上观测到的结构是这些大量不同结构组态在时间和空间上的一个统计平均[35]。关于不同组态间通过离子跳跃转换的激活能研究发现，多离子互相协作经空位扩散时所需的激活能远低于单离子经空位扩散时所需的激活能，据此推测在氧离子导体 $Ba_2In_2O_5$ 内部氧离子通过空位扩散是一种互相协作的集体扩散行为，这也和传统的单离子扩散类型不同[36]。氧离子导体 $La_2Mo_2O_9$[37,38]是一种高性能材料，因其高温相内部具有大量的氧空位而使其具有非常优良的导电性能。内耗实验发现其低温内耗峰具有精细结构，且峰高几乎不随温度变化，也偏离了传统点缺陷弛豫理论[39-43]。

由此可见，点缺陷在材料的光吸收和扩散中均扮演着重要作用，因此正确认识点缺陷及其扩散机制对改善材料光学性能、丰富扩散理论有着重要的现实和理论意义。

1.1.2 含氧化合物的高压相变

相变作为改变材料性质另一重要手段，广泛存于材料科学、化学工业、冶金工程和热力工程等诸多领域。通常用固、液、气三种聚集状态描述自然界中的实际物质，这些不同的聚集态称为相，不同相之间的转换谓之相变。根据不同相变过程可分为不同的相变类型，如按照物质形态可分为固-固相变、固-液相变、液-液相变等；若根据热力学过程，可分为一级相变、二级相变和高级相变；根据发生机理不同，又可以分为成核-生长机理相变、马氏体相变、有序-无序相变和斯宾那多分解相变。诱发相变的方式有多种，如缺陷、外磁场、电场、应力等均可诱发相变。

一般来讲，相变总是在一定温度和压力下发生，因此，压力是诱发相变的重要物理因素之一，也被认为是开发新型材料最有效的手段之一。因为原子间距在压力作用下被极大程度的减小，从而使原子与原子之间的电子轨道交叠得到加强，以至于改变晶体中原子间的相互作用、调节晶体晶格的空间构型，最终导致材料相变的发生，进而使得一些材料在高压下呈现出异于常压时的性质，比如高压可改变电-声相互作用从而导致常压下的传统材料在高压下变成超导体，可改变材料中电子云的交叠方式致绝缘体或半导体变为金属，而有些金属则在高压下转变为绝缘体。高压也能改变材料的硬度，比如高压可使石墨转变成超硬的金刚石等。因此高压可有效改变材料物理、化学性质，可产生、形成或相变为尚未被认知的物质或结构，它极大程度地扩宽了人们对材料科学的认识。目前，高压物理（high pressure physics）已发展成为一门成熟的学科独立于物理分支之中，作为研究高压条件下物质性质的学科，某种意义上它也代表着实验技术与科研实力。高压物理研究对象一般为凝聚态物质，这些物质在高压下可呈现多种异于常压下的新颖物理现象，高压相变在诱发材料新性能方面起着至关重要的作用，其研究热度一直居高不下，特别随着第一性原理的发展，为极端条件下材料物性预测打开了一扇窗。

高压研究热点之一是分子间作用，众所周知，加压后物质体积被压缩，原子空间体积变小，一般来讲分子内的键长将变短，但在存在分子间相互作用的分子晶体内部却呈现反常现象。压强使分子间距离减小从而分子间作用增强，分子间作用增强却导致分子内原子间相互作用减弱，相应键长增大，甚至压强增大到一定程度时导致键断裂或者键对称化从而诱发相变如图 1-2 所示[44]。对于分子间相互作用，研究最早且最为广泛当属氢键。氢键广泛存在氢的卤化物、冰和含有氢元素的分子晶体中。早期关于冰的高压研究发现，压强可使 O—H 对称化，后续关于冰的高压研究发现了更为丰富的现象[45-46]。关于 KDP 铁电相变研究发现，压强可使质子在连接不同 KDP 分子的氢键 O—H⋯O 键内不同的两个极小位置之间跳跃，导致由单斜相到立方相的转变[47]。关于含有氢键的 HX（X = Br，Cl）的高压研究，发现高压同样可以使 X—H 对称化，从而实现相变[48,49]。因此，高压可使含有氢键的分子晶体发生相变是一种常见现象。

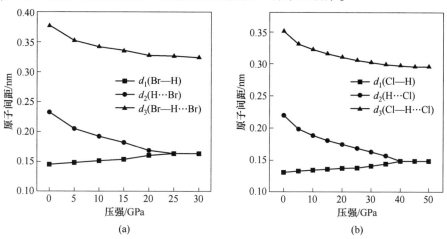

图 1-2　HBr 和 HCl 晶体中键长随压强的变化[48]

（a）HBr；（b）HCl

　　最近，一种全新的分子间相互作用惰性气体键，类似于氢键被发现。研究人员关于 XeO_3 静电势能面的研究显示，在 Xe^{6+} 的孤对电子位置上存正电势位即 σ 穴（见图 1-3），使得 Xe 具有亲电性的特征，发挥电子受体的作用，可与另一个 XeO_3 分子中 O 原子上的孤对电子相互作用，从而形成 Xe—O…Xe 惰性气体键[50]。相关科研人员采用关于 X 射线衍射实验对三氧化氙晶体进行研究发现，三氧化氙在空间存在三种不同的排列形式[51]，他们推测三种不同的空间排列形式与惰性气体键有密切关系。另外，关于三氧化氙和其他分子相互作用研究表明，三氧化氙的 Xe 可以与 CH_3CN、CH_3CH_2CN 分子中的 N 上的孤对电子相互作用而形成惰性气体键 O—Xe…N 分子键，从而形成三氧化氙烷基丁腈加合物[52]。

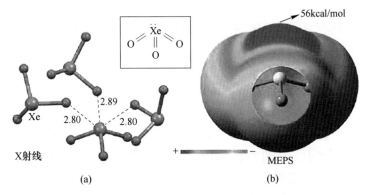

图 1-3　XeO_3 分子间相互作用示意图(a)与分子静电势能面示意图(b)[50]

　　现有的实验和理论研究表明作为闭壳层的惰性气体元素，Xe 与非金属元素 O 或者 F 相互作用表现出还原性形成 XeF_n（n = 2，4，6）[53-55]，$Xe[PtF_6]$[56] 或 XeO_n（n = 3 和 4）[57,58] 共价键化合物，也能与金属相互作用表现出还原性，如高压下 Xe 的 5p 电子转移到 Fe 或 Ni 原子的 3d 轨道上，形成 $XeFe_3$ 或 $XeNi_3$ 型化合物[59]，并且其还原性随压强增加而变。更有意思的是，高压环境下 Xe 还能表现出氧化性，关于 Mg—Xe（Kr，Ar）的研究结果表明，高压下 Mg 的 3s 电子可转移到 Xe 的 5d 轨道上，从而形成具有金属相的 Mg_nXe（Kr，Ar）型化合物[60]。最新研究又表明它还可以像周期表中 IA 族的 H[61-63]，ⅦA 族的 Cl、Br[64,65]，ⅥA 族的 S、Se 和 Te[66,67]，以及 VA 族的 P、As[68,69] 元素一样形成分子间相互作用的类氢键，惰性气体键的发现又进一步丰富了人们对惰性气体元素的认识。所有的这些研究表明虽然惰性气体元素具有闭壳层电子结构，但在不同的外界条件下，它完全可以像元素周期表中的其他元素一样表现出丰富的化学性质，并可形成共价键、离子键、金属键和类氢键。

　　惰性气体键虽已被证实，但由于研究时间较短，是一种全新的分子间相互作用，人们对该键的认识还不全面，关于它的一些性质还不是很清楚，比如含有惰性气体键的分子晶体随压强如何变化，在高压下是否有类似氢键的行为，压强可否使含有惰性气体键晶体发生相变等，一系列科学问题均需更进一步的研究。

压力还可改变材料中电子云的交叠方式从而导致绝缘体或半导体变为金属，或者金属变为绝缘体，或者改变电-声相互作用形式等。过渡金属元素具有未满的 d 电子壳层，导致其性质具有多变性，如可变化的价态、d 壳层电子排列方式不同可呈现出铁磁性或顺磁性等，在外界压力下，会表现出更为丰富的物理现象。因此过渡金属氧化物高压行为也是高压研究领域广泛关注的另一科学问题。如压力可使镍酸盐 $RNiO_3$（R 为稀土金属）[70-75] 中 Ni 元素 d 轨道的电子占据发生变化或者电子重排从而导致金属-绝缘体转变，同时伴随 Ni 元素的价态从由原来单一的 Ni^{3+} 转变为 Ni^{2+}/Ni^{4+} 的混合价态。而关于含有过渡金属金元素的碱金属卤化物 $M_2Au_2X_6$（M＝K，Rr，Cs；X＝Cl，Br，I）的研究表明，压强可使该类化合物发生相变如图 1-4 所示，导致输运性质、结构均发生相应变化，实验推测这些性质的变化与 Au 的价态有关。一般情况下，Au 原子在静置环境下常以混合价态（Au^+/Au^{3+}）存在，但在压力作用下，混合的 Au^+/Au^{3+} 价态会归一为 Au^{2+}，从而导致化合物带结构的闭合和结构相变的发生[76-79]。因此，高压可诱发过渡金属化合物发生结构相变，还有可能伴随电荷的歧化或归一反应，但相变和电荷歧化或者归一反应微观机制关联性、相变机制仍不是很清楚。

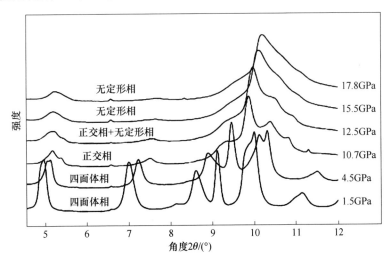

图 1-4　$CsAuI_3$ 粉末在 300K 时 X 射线衍射图样[78]

Ag 与 Au 位于周期表中同一主族，两者有类似的化学性质，早期关于 AgO 晶体实验结果显示，AgO 晶体具有 $P2_1/c$ 空间群[80,81]，且晶格中 Ag 有两种不同的空间位置，推测 Ag 是以混合价（Ag^+/Ag^{2+}＋空穴）形式存在，但借助于常规的第一性原理计算，却无法得到实验推测的晶体结构。直到 2010 年，采用杂化泛函理论对 AgO 晶体（见图 1-5）进行的理论研究结果显示[82]，该 AgO 晶体具有 P2$_1$/c 空间对称性与实验结果完全吻合，但关于 Ag 原子的价态研究结果却颠覆了以前的推测，因为发现结构中 Ag 和周围 O 原子形成两种不同的空间构型，Ag 是以混合价（Ag$^+$/Ag^{3+}）态存在，而非以混合价 Ag$^+$/Ag^{2+}+空穴形式存在。但关于 AgO 高压的研究还比较少，既然 Ag 和 Au 常压下具有相似的性质，那么高压下 AgO 晶体如何变化？Ag 的价态在压强作用下是否会出现 M$_2$Au$_2$X$_6$ 中 Au 价态情况？这些科学问题都需要理论的进一步研究澄清。

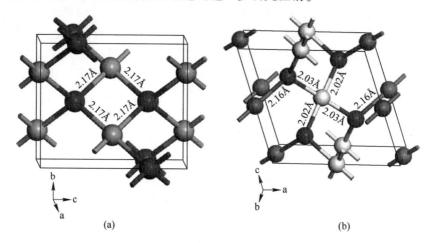

图 1-5　AgO 晶体结构图（1Å = 0.1nm）[82]

（其中灰色小球、白色小球和黑色小球分别代表 Ag$^+$，Ag^{2+} 和 O^{2-}）

（a）GGA 计算结果；（b）HSE 计算结果

1.2　本书的研究目的与研究内容

　　研究点缺陷与相变对揭示一些材料性质下降、失效原因、改善性能均具有重要的指导意义，同时对材料的研制和开发、促进材料科学的发展也具有重要的现实意义。但由于某些材料的特殊性和复杂性或客观实验条件的限制，实验研究具有一定的局限性。随着基于第一性原理计算方法的发展和相关计算软件的开发，为材料的研究和新材料的预测带了曙光。本书借助第一性原理的模拟计算对含氧化合物中的点缺陷与相变展开了部分研究。因氧元素在自然界中含量丰富且其化学性质较活跃，与其他元素形成的化合物即含氧化合物在自然界的化合物中占据半壁江山，因此研究它具有一定的代表意义。基于此，本书主要针对氧化物 KDP 中氧空位缺陷微观性质以及对光吸收的影响、多空位体系 La$_2$Mo$_2$O$_9$ 氧离子导体空间结构形式与扩散机制；非金属氧物 XeO_3 中的惰性气体键高压性质、相变行为和金属氧化物 AgO 中 Ag 的价态转换与相变机理展开相关研究，以期丰富读者对点缺陷与相变的认识，或对相关研究人员有少许启迪。

参 考 文 献

［1］ Crawford J H, Slifkin L M. Point Defects in Solids ［M］. New York：Plenum Press, 1972：556.

［2］ 葛庭隧. 固体内耗理论基础 ［M］. 北京：科学出版社, 2000：627.

［3］ 罗伯 D. 计算材料 ［M］. 项金钟, 吴兴惠, 译. 北京：化学工业出版社, 2002：460.

［4］ Monti A M, Savino E J. Calculation of the formation entropy and diffusivity constants for the vacancy in Mg ［J］. Phys. Rev. B, 1981, 23：6494-6502.

［5］ Schober H R, Zeller R. Structure and dynamics of multiple interstitials in FCC metals ［J］. J. Nucl. Mater. 1978, 69-70：341-349.

［6］ Wooding S J, Bacon D J. A molecular dynamics study of displacement cascades in a-zirconium ［J］, Phil. Mag. A, 1997, 76：1033-1052.

［7］ 娄艳辉. HCP 金属中点缺陷扩散的分子动力学模拟 ［D］. 成都：四川师范大学, 2005.

［8］ Berezhnoi B V, Boiko G G. Defects and oxygen diffusion in metasilicate melts：molecular dynamics simulation ［J］. Glass Phys. Chem. , 2005, 31：145-154.

［9］ Gao F, Weber W J. Recovery of close Frenkel pairs produced by low energy recoils in SiC ［J］. J. App. Phys. , 2003, 94：4348-4356.

［10］ Peressi M, Colombo L, Gironcoli S D. Role of defects in the electronic properties of amorphous／crystalline Si interface ［J］. Phys. Rev. B, 2001, 64：193303.

［11］ Vainshtein I, Kortov V S. Temperature beavior of the 6. 05-eV band in optical absoption spectra of oxygen-deficient corundum ［J］. Phys. Solid State, 2000, 42：1223-1229.

［12］ Carrasco J, Gomes J R B, Illas F. Thoretical study of bulk and surface oxygen and aluminum vacancies in $\alpha\text{-}Al_2O_3$ ［J］. Phys. Rev. B, 2004, 69：064116.

［13］ Carraco J, Lopez N, Sousa C, et al. First-principles study of the optical transition of F centers in bulk and on the （0001） surface of $\alpha\text{-}Al_2O_3$ ［J］. Phys. Rev. B, 2005, 72：054109.

［14］ Han B G, Feng X Q, Hu G Q, et al. Annealing effects and radiation damage machansims of $PbWO_4$ crystals ［J］. J. Appl. Phys. , 1999, 86：3571-3575.

［15］ Senguttuyan N, Ishii M, Tanji K, et al. Influence of annealing on the optical proterties of $PbWO_4$ single crystals ［J］. Jpn. J. Appl. Phys. , 2000, 39：5134-5138.

［16］ Zhu R Y, Deng Q, Newman H, et al. A study on the radiation hardness of lead tungstate crystals ［J］. IEEE Trans. Nucl. Sci. , 1998, 45：577-582.

［17］ 朱文亮. 钨酸铅晶体中间隙氧的研究 ［D］. 上海：中国科学院上海硅酸盐研究所, 2002.

［18］ 姚明珍, 顾杜. 钨酸铅晶体中氧空位相关的色心研究 ［J］. 物理学报, 2003, 52：459-462.

［19］ 刘廷禹. 钨酸铅晶体电子结构和光学性质的研究 ［D］. 上海：上海理工大学, 2005.

［20］ Davis J E, Hughes R S, Lee H W H, Investigation of optically generated transient electronic defects and protonic transport in hydrogen-bond molecular solids. Isomorphs of potassium dihydrogen phosphate [J]. Chem. Phys. Lett. , 1993, 207: 540-545.

[21] Marshall C D, Payne S A, Henesian M A, et al. Ultraviolet-induced transient absorption in potassium dihydrogen phosphate and its influence on frency conversion [J]. J. Opt. Soc. Am. B, 1994, 11: 774-785.

[22] Demos S G, Yan M, Staggs M, et al. Raman scattering investigation of KH_2PO_4 subsequent to high fluence laser irradiation [J]. Appl. Phys. Lett. , 1998, 72: 2367-2369.

[23] Ogorodnikov I N, Yakovlev V Y, Shul'gin B V, et al. Transient optical absorption of hole polarons in ADP (NH_4PO_4) and KDP (KH_2PO_4) crystals [J]. Phys. Solid State, 2002, 44: 845-852.

[24] Setzler S D, Stevens K T, Halliburton L E, et al. Hydrogen atoms in KH_2PO_4 crystals [J]. Phys. Rev. B, 1998, 57: 2643-2646.

[25] Liu C S, Kioussis N, Demos S G, et al. Electron-or hole-assisted reaction of H defects in hydrogen-bonded KDP [J]. Phys. Rev. Lett. , 2003, 91: 015505.

[27] Liu C S, Zhang Q, Kioussis N, et al. Electronic structure calculations of intrinsic and extrinsic hydrogen point defects in KH_2PO_4 [J]. Phys. Rev. B, 2003, 68: 224107.

[28] Wang K P, Fang C S, Zhang J X, et al. First-principles study of interstitial oxygen in potassium dihydrogen phosphate crystals [J]. Phys. Rev. B, 2005, 72: 184105.

[29] Garces N Y, Stevens K T, Halliburton L E, et al. Identification of electron and hole traps in KH_2PO_4 crystals [J]. J. Appl. Phys. 2001, 89: 47-52.

[30] Zhang J X, Lin G M, Zeng W G, et al. Anelastic relaxation of oxygen vacancies and high-T_c superconductivity of $YBa_2Cu_3O_{7-\delta}$ [J]. Supercond. Sci. Technol. , 1990, 3: 113-117.

[31] Bohnke O, Bohnke C, Fourquet J L, Mechanism of ionic conduction and electrochemical intercalation of lithium into the perovskite lanthanum lithium titanate [J]. Solid State Ionics , 1996, 91: 21-31.

[32] Weller M, Damson B, Lakki A, Mechanical loss of cubic zirconia [J]. J. Alloy & Comp. , 2000, 310: 47-53.

[33] Pasianot R C, Monti A M, Simonelli G, et al. Computer simulation of SIA migration in bcc and hcp metals [J]. J. Nucl. Mater. , 2000, 276: 230-234.

[34] Chen L, Xiong X M, Meng H, et al. Migration and redistribution of oxygen vacancy in barium titanate ceramics [J]. Appl. Phys. Lett. , 2006, 89: 071916.

[35] Stolen S, Bakken E, Mohn C E. Oxygen-deficient perovskites: linking structure, energetics and ion transport [J]. Phys. Chem. Chem. Phys, 2006, 8: 429-447.

[36] Mohn C E, Allan N L, Freeman C L, et al. Order in the disordered state: local structural entities in the fast ion conductors $Ba_2In_2O_5$ [J]. J. solid state chem. , 2005, 178: 346-355.

[37] Mohn C E, Allan N L, Freeman C L, et al. Collective ionic motion in oxide fast-ion-conductors [J]. Phys. Chem. Chem. Phys, 2004, 6: 3052-3055.

[38] Lacorre P, Goutenoire F, Bohnke O, et al. Desiging fast oxide-ion conductors based on $La_2Mo_2O_9$ [J]. Nature, 2000, 404: 856-858.

［39］ Goutenoire F, Isnard O, Retoux R, et al. Crystal structure of La$_2$MO$_2$O$_9$, a new fast oxide-ion condutor ［J］. Chem. Mater. , 2000, 12：2575-2580.

［40］ Wang X P, Fang Q F. Low frequency internal friction study of oxide-ion conductor La$_2$Mo$_2$O$_9$ ［J］. J. Phys. Condens. Matt. , 2001, 13：1641-1651.

［41］ Wang X P, Fang Q F. Mechanical and dielectric relaxation study on the mechanism of oxygen ion diffusion in La$_2$Mo$_2$O$_9$ ［J］. Phys. Rev. B, 2002, 65：064304-064309.

［42］ Fang Q F, Wang X P, Zhang G G, et al. Damping mechanism in the novel La$_2$Mo$_2$O$_9$-based oxide-ion conductors ［J］. J. Alloy & Comp. , 2003, 355：177-182.

［43］ Liang F J, Wang X P, Fang Q F, et al. Internal friction studies of La$_{2-x}$Ba$_x$Mo$_2$O$_{9-\delta}$ oxide-ion conductors ［J］. Phys. Rev. B, 2006, 74：014112.

［44］ Aoki K, Yamawaki H, Sakashita M, et al. Infrared absorption study of the hydrogen-bond symmetrization in ice to 110GPa ［J］. Phys. Rev. B, 1996, 54（22）：15673.

［45］ Benoit M, Romero A H, Marx D. Reassigning hydrogen-bond centering in dense ice ［J］. Phys. Rev. Lett. , 2002, 89（14）：145501.

［46］ Bernasconi M, Silvestrelli P L, Parrinello M. Ab initio infrared absorption study of the hydrogen-bond symmetrization in ice ［J］. Phys. Rev. Lett. 1998, 81（6）：1235.

［47］ Zhang Q, Chem F, Kioussis N. Ab initio study of the electronic and structural properties of the ferroelectric transition in KH$_2$PO$_4$ ［J］. Phys. Rev. B, 2001, 65：024108.

［48］ Duan D F, Tian F B, He Z, et al. Hydrogen bond symmetrization and superconducting phase of HBr and HCl under high pressure: An ab initio study ［J］. J. Chem. Phys, 2010, 133（7）：074509.

［49］ Ikeda T, Sprik M, Terakura K, et al. Pressure effects on hydrogen bonding in the disordered phase of solid HBr ［J］. Phys. Rev. Lett. , 1998, 81（20）：4416.

［50］ Bauzá A, Frontera A. Aerogen bonding interaction: a new supramolecular force? ［J］. Angew. Chem. Int. Ed. , 2015, 54（25）：7340-7343.

［51］ Goettel J, Schrobilgen G. Solid-state structures of XeO$_3$ ［J］. Inorg. Chem. , 2016, 55（24）：12975-12981.

［52］ Goettel J, Matsumoto K, Mercier H, et al. Syntheses and structures of xenon trioxide alkylnitrile adducts ［J］. Angew. Chem. Int. Ed. , 2016, 128（44）：13984-13987.

［53］ Chernick C L, Claassen H H, Fields P R, et al. Fluorine compounds of xenon and radon ［J］. Science, 1962, 138（3537）：136-138.

［54］ Claassen H H, Selig H, Malm J G. Xenon tetrafluoride ［J］. J. Am. Chem. Soc., 1962, 84（18）：3593-3593.

［55］ Smith D F. Xenon Trioxide ［J］. J. Am Chem. Soc, 1963, 85（6）：816-817.

［56］ Bartlett N. Xenon hexafluoroplatinate（V）Xe$^+$PtF$_6$ ［J］. Proc. Chem. Soc. , 1962：218.

［57］ Templeton D H, Zalkin A, Forrester J D, et al. Crystal and molecular structure of xenon trioxide ［J］. J. Am. Chem. Soc. , 1963, 85（6）：817.

［58］ Huston J L, Studier M R, Sloth E N. Xenon tetroxide: Mass spectrum ［J］. Science, 1964, 143（3611）：1161-1162.

[59] Zhu L, Liu H, Pickar C J, et al. Reactions of xenon with iron and nickel are predicted in the Earth's inner core [J]. Nat. Chem. , 2014, 6 (7): 644-648.

[60] Miao M S, Wang X, Brgoch J, et al. Anionic chemistry of noble gases: formation of Mg-NG (NG= Xe, Kr, Ar) compounds under pressure [J]. J. Am. Chem. Soc. , 2015, 137 (44): 14122-14128.

[61] Goswami M, Arunan E. The hydrogen bond: a molecular beam microwave spectroscopist's view with a universal appeal [J]. Phys. Chem. Chem. Phys. , 2009, 11 (40): 8974-8983.

[62] Pimentel G C, McClellan A L. The hydrogen bond [J]. J. Chem. Educ. , 1960, 37 (11): A754.

[63] Huggins M L. 50 Years of hydrogen bond theory [J]. Angew. Chem. Internat. Edit. , 1971, 10 (3): 147-152.

[64] Ramasubbu N, Parthasarathy R, Murray-Rust P. Angular preferences of intermolecular forces around halogen centers: preferred directions of approach of electrophiles and nucleophiles around carbon-halogen bond [J]. J. Am. Chem. Soc. , 1986, 108 (15): 4308-4314.

[65] Legon A C. The halogen bond: an interim perspective [J]. Phys. Chem. Chem. Phys. , 2010, 12 (28): 7736-7747.

[66] Iwaoka M, Takemoto S, Tomoda S. Statistical and theoretical investigations on the directionality of nonbonded S···O interactions. Implications for molecular design and protein engineering [J]. J. Am. Chem. Soc. , 2002, 24 (35): 10613-10620.

[67] Wang W, Ji B, Zhang Y. Chalcogen bond: A sister noncovalent bond to halogen bond [J]. J. Phys. Chem. A, 2009, 113 (28): 8132-8135.

[68] Scheiner S. The pnicogen bond: Its relation to hydrogen, halogen, and other noncovalent bonds [J]. Acc. Chem. Res., 2013, 46 (2): 280-288.

[69] Zahn S, Frank R, Hey-Hawkins E, et al. Pnicogen bonds: A new molecular linker? [J]. Chem. Eur. J., 2011, 17 (22): 6034-6038.

[70] Torrance J B, Lacorre P, Nazzal A I, et al. Systematic study of insulator-metal transitions in perovskites $RNiO_3$ (R = Pr, Nd, Sm, Eu) due to closing of charge-transfer gap [J]. Phys. Rev. B, 1992, 45 (14): 8209.

[71] Vobornik I, Perfetti L, Zacchigna M, et al. Electronic-structure evolution through the metal-insulator transition in $RniO_3$ [J]. Phys. Rev. B, 1999, 60 (12): R8426.

[72] Alonso J A, García-Muñoz J L, Ferández-Díaz M T, et al. Charge disproportionation in $RNiO_3$ perovskites: Simultaneous metal-insulator and structural transition in $YNiO_3$ [J]. Phys. Rev. Lett. , 1999, 82 (19): 3871.

[73] Alonso J A, Martínez-Lope M J, Casais M T, et al. High-temperature structural evolution of $RNiO_3$ (R=Ho, Y, Er, Lu) perovskites: Charge disproportionation and electronic localization [J]. Phys. Rev. B, 2001, 64 (9): 094102.

[74] Mazin I I, Khomskii D I, Lengsdorf R, et al. Charge ordering as alternative to Jahn-Teller distortion [J]. Phys. Rev. Lett. , 2007, 98 (17): 176406.

[75] Cheng J G Zhou J S, Goodenough J B, et al. Pressure dependence of metal-insulator transition in

perovskites RNiO$_3$ (R=Eu, Y, Lu) [J]. Phys. Rev. B, 2010, 82 (8): 085107.

[76] Kojima N, Matsushita N. P-T phase diagram and Au valence state of the perovskite-type Au mixed-valence complexes M$_2$ [AuIX$_2$] [AuIIIX$_4$] (M= K, Rb, Cs; X= Cl, Br, I) [J]. Coord. Chem. Rev. , 2000, 198 (1): 251-263.

[77] Trigo M, Chen J, Jiang M, et al. Ultrafast pump-probe measurements of short small-polaron lifetimes in the mixed-valence perovskite CsAuI under high pressures [J]. Phys. Rev. B, 2012, 85 (8): 081102.

[78] Wang S, Hirai S, Shapiro M, et al. Pressure-induced symmetry breaking in tetragonal CsAuI$_3$ [J]. Phys. Rev. B, 2013, 87 (5): 054104.

[79] Wang S, Kemper A, Baldini M, et al. Bandgap closure and reopening in CsAuI$_3$ at high pressure [J]. Phys. Rev. B, 2014, 89 (24): 245109.

[80] Scatturin V, Bellon P, Salkind A. The structure of silver oxide determined by means of neutron diffraction [J]. J. Electrochem. Soc. , 1961, 108 (9): 819.

[81] Jansen M, Fischer P. Eine neue darstellungsmethode für monoklines silber (I , III) oxid (AgO), einkristallzüchtung und röntgenstrukturanalyse [J]. J. Less-Common Met. , 1988, 137 (1-2): 123-131.

[82] Allen J, Scanlon D, Watson G. Electronic structure of mixed-valence silver oxide AgO from hybrid density-functional theory [J]. Phys. Rev. B, 2010, 81 (16): 161103.

2 计算的基本原理与方法

本章主要介绍密度泛函理论、局域密度近似、广义梯度近似、杂化泛函 HSE06、超软赝势、投影缀加波法、结构优化方法、从头分子动力学方法，搜寻扩散路径的方法等基本理论和计算方法。

第一性原理计算（first-principles calculation），又称从头计算（*ab initio calculation*），是一种基于量子力学从电子运动的角度来研究物质结构和微观性质的理论计算方法。借助于量子力学理论来处理体系中电子的运动，从而得到体系的电子波函数和与之对应的本征能量，最后求得系统的总能量、成键、稳定性、弹性、微观电子结构等性质。随着计算技术的发展和计算能力的提高，它已被成功应用到物理、化学、生物和药物设计等诸多学科中。

由于实际描述的体系通常是多电子参与的系统，精确的处理多电子的薛定谔方程表达式为：

$$i\hbar \frac{\partial}{\partial t}\Psi(\boldsymbol{r}, \boldsymbol{R}) = H\Psi(\boldsymbol{r}, \boldsymbol{R}) \tag{2-1}$$

式中，$\hbar = h/2\pi$，h 为普朗克常数；$\boldsymbol{r}$ 和 $\boldsymbol{R}$ 分别代表系统所有电子和原子核的坐标；$\Psi(\boldsymbol{r}, \boldsymbol{R})$ 为波函数；H 为体系的哈密顿量。

哈密顿量表示为：

$$\begin{aligned}
H = &\sum_i \frac{\boldsymbol{p}_i^2}{2m} + \sum_\alpha \frac{P_\alpha^2}{2M_\alpha} + \frac{1}{8\pi\varepsilon_0}\sum_{i\neq j}\frac{e^2}{|\boldsymbol{r}_i - \boldsymbol{r}_j|} + \\
&\frac{1}{8\pi\varepsilon_0}\sum_{\alpha\neq\beta}\frac{Z_\alpha Z_\beta e^2}{|\boldsymbol{R}_\alpha - \boldsymbol{R}_\beta|} - \frac{1}{4\pi\varepsilon_0}\sum_{i,\alpha}\frac{Z_\alpha e^2}{|\boldsymbol{r}_i - \boldsymbol{R}_\alpha|}
\end{aligned} \tag{2-2}$$

式中，$\boldsymbol{r}_i$，$\boldsymbol{p}_i$、m 和 $-e$ 分别代表第 i 个电子的坐标、动量、质量和电荷；$\boldsymbol{R}_\alpha$，P_α，M_α 和 $Z_\alpha e$ 代表第 α 个原子核相应的坐标、动量、质量和电荷。由于电子的质量远小于原子核的质量，但它的运动却远快于原子核的热运动，因此在研究电子运动时则把原子核按近似不动来处理，从而把原子核的运动从方程中分离出来，这就是著名的 Born-Oppenheimer 绝热近似[1]。在该近似的框架下，体系波函数的描述则可以写成原子核的波函数 $\chi(\boldsymbol{R})$ 与电子波函数 $\Psi(\boldsymbol{r}, \boldsymbol{R})$ 的乘积形式。其中多电子波函数 $\Psi(\boldsymbol{r}, \boldsymbol{R})$ 由原子核的瞬时坐标 R 下的多电子哈密顿量 H_0 来决定。由于客观体系涉及电子间的多体作用问题与极强的电子-原子核相互作用，且一般体系所含电子数目又比较庞大，复杂的方程难以从理论上严格求解，故需做进一步的近似，最常见的近似是 Hartree-Fork[2,3]，自洽场近似和基于密度泛函理论的单电子近似。密度泛函理论（density functional theory，DFT）[4-7]是第一性原理计算的理论基础，研究的体系中，描述价电子与原子核及芯电子间的相互作用采用赝势方法；模拟体系的周期性结构采用超原胞方法；同时弛豫电子坐标时借助于使用迭代极小技术，可方便有效地求解多电子体系的波函数。

2.1 密度泛函理论

密度泛函理论的发展得益于 20 世纪 20 年代以来对量子力学的研究，尤其是 Thomes—Fermi—Diroc 模型的建立，以及 Slates 在量子化学中所做的基础理论工作。密度泛函理论是通过电子密度的广义泛函建立起来的，而广义泛函则以电子相关模型为基础，它最直接的渊源是 1964 年 Hohenberg 和 Kohn 发表的理论，并由此命名为 Hohenberg-Kohn 定理[8]。

2.1.1 Hohenberg-Kohn 定理

1964 年，Hohenberg 和 Kohn 沿用 Thomas 和 Fermi 所采用的方法，即在研究电子气问题时，以电子密度为基本变量来表示体系能量的方法。他们创立了密度泛函理论（DFT），严格证明了体系的基态性质由基态电荷密度唯一决定，并提出了两条定理，其表述如下：

（1）外场势 $\nu(r)$ 是电荷密度的唯一泛函（可相差常数），任何一个多电子体系的基态总能量都是基态电子密度 $\rho(r)$ 的唯一泛函，基态电荷密度 $\rho(r)$ 唯一确定了体系的（非简并）基态性质。

（2）对任何一个多电子体系，总能的电荷密度泛函的最小值为体系的基态能量，对应的电荷密度为该体系的基态电荷密度 $\rho(r)$。

由量子力学知识，描述多电子体系的哈密顿为：

$$H = T + U + V \tag{2-3}$$

其中动能项为：

$$T = -\frac{\hbar^2}{2m} \int \nabla \Psi^+(r) \cdot \nabla \Psi(r) \, dr \tag{2-4}$$

库仑排斥项为：

$$U = \frac{1}{2} \iint \frac{1}{|r - r'|} \Psi^+(r) \Psi^+(r') \Psi(r) \Psi(r') \, dr dr' \tag{2-5}$$

V 为由对所有粒子都相同的局域势 $\nu(r)$ 表示的外场的影响，即

$$V = \int \nu(r) \Psi^+(r) \Psi(r) \, dr \tag{2-6}$$

式中，$\Psi^+(r)$ 和 $\Psi(r)$ 分别表示在 r 处产生和湮灭一个粒子的费米子场算符。

若系统的基态波函数为 φ，则粒子数密度定义为

$$\rho(r) \equiv \langle \varphi | \Psi^+(r)\Psi(r) | \varphi \rangle \qquad (2\text{-}7)$$

对于给定的 $\nu(r)$，能量的泛函

$$E[\rho] \equiv \int \nu(r)\rho(r)\mathrm{d}r + \langle \varphi | T + U | \varphi \rangle \qquad (2\text{-}8)$$

若无相互作用粒子相关的项从 $E[\rho]$ 中分出，则上式可变为：

$$E[\rho] = T[\rho] + \frac{e^2}{8\pi\varepsilon_0}\iint \frac{\rho(r)\rho(r')}{|r-r'|}\mathrm{d}r\mathrm{d}r' + E_{xc}[\rho] \qquad (2\text{-}9)$$

式中，第一项和第二项分别对应于无相互作用粒子体系的动能项和库仑排斥项，第三项 $E_{xc}[\rho]$ 称为交换关联相互作用，代表所有未包含在无相互作用粒子模型中的相互作用部分，其包含了相互作用的全部复杂性。虽然 Hohenberg-Kohn 定理表明粒子数密度是确定多粒子系统基态物理性质的基本变量，以及能量泛函对粒子数密度函数的变分是确定系统基态的途径，但如何确定粒子数密度 $\rho(r)$、动能泛函 $T[\rho]$ 和交换关联函数 $E_{xc}[\rho]$ 还需要运用其他方法来解决。

2.1.2 Kohn-Sham 方程

Hohenberg-Kohn 定理只是从理论上论证以电子密度为基本变量计算基态性质的可行性，但没明确给出能量泛函的具体形式。1965 年，Kohn 和 Sham 提出了一个具体求解相互作用的非均匀电子气基态问题的理论方法，即 Kohn-Sham 方程[9]。

根据 Hohenberg-Kohn 定理，基态能量和基态粒子数密度函数可由能量泛函对密度泛函的变分得到，即

$$\int\left\{\frac{\delta T[\rho(r)]}{\delta\rho(r)} + \nu(r) + \frac{e^2}{4\pi\varepsilon_0}\int\frac{\rho(r')}{|r-r'|}\mathrm{d}r' + \frac{\delta E_{xc}[\rho(r)]}{\delta\rho(r)}\right\}\delta\rho(r)\mathrm{d}r = 0$$

$$(2\text{-}10)$$

若粒子数不变，即 $\int\delta\rho(r)\mathrm{d}r = 0$，则

$$\left\{\frac{\delta T[\rho(r)]}{\delta\rho(r)} + \nu(r) + \frac{e^2}{4\pi\varepsilon_0}\int\frac{\rho(r')}{|r-r'|}\mathrm{d}r' + \frac{\delta E_{xc}[\rho(r)]}{\delta\rho(r)}\right\} = \mu \qquad (2\text{-}11)$$

这里拉格朗日乘子 μ 有化学势的意义。上式恰是粒子在一有效势场中的形式，这就等价为一有效势场：

$$V(r) = \nu(r) + \frac{e^2}{4\pi\varepsilon_0}\int\frac{\rho(r')}{|r-r'|}\mathrm{d}r' + \frac{\delta E_{xc}[\rho(r)]}{\delta\rho(r)} \qquad (2\text{-}12)$$

但对有相互作用粒子的动能项 $T[\rho]$ 仍未知，因此 Kohn 和 Sham 提出：假定动能泛函 $T[\rho]$，可用一个未知的无相互作用粒子的动能泛函 $T_s[\rho]$（具有与有相互作用的系统同样的密度范函）来代替，对于两者的差别中无法转换的复杂部

分则被归入到 $E_{xc}[\rho]$ 中。为完成单粒子图像，再用 N 个单粒子波函数 $\varphi_i(r)$ 构成密度函数：

$$\rho(r) = \sum_{i=1}^{N} |\varphi_i(r)|^2 \tag{2-13}$$

此时，动能项则可以表示成

$$T_s[\rho] = \frac{\hbar^2}{2m} \sum_{i=1}^{N} \int \varphi_i^*(r)(-\nabla^2)\varphi_i(r)\,dr \tag{2-14}$$

若用对 $\varphi_i(r)$ 的变分代替对 $\rho(r)$ 的变分，用 E_i 代替拉格朗日乘子 μ，则单电子的薛定谔方程等价为：

$$\left[-\frac{\hbar^2}{2m}\nabla^2 + V_{KS}(r)\right]\varphi_i(r) = E_i\varphi_i(r) \tag{2-15}$$

其中

$$V_{KS}(r) = -e\nu(r) + \frac{e^2}{4\pi\varepsilon_0}\int \frac{\rho(r')}{|r-r'|}dr' + \frac{\delta E_{xc}[\rho(r)]}{\delta\rho(r)} \tag{2-16}$$

这样通过用无相互作用粒子模型代替有相互作用粒子哈密顿量中的相应项，并将有相互作用粒子的全部复杂性归入到交换关联相互作用范函 $E_{xc}[\rho]$ 中，这样相互作用的多电子体系的基态问题就转化为在有效势场中运动的单粒子的基态问题，这就是著名的 Kohn-Sham 方程。

2.2 交换关联泛函 $E_{xc}[\rho(r)]$

2.2.1 局域密度近似（LDA）

求解 Kohn-Sham 方程，必须知道其具体形式。在一般情况下，交换关联能依赖于整个空间的电子密度分布，具有非局域性，很难严格求出，但对于均匀电子气，则可计算出交换关联能。由 Kohn 和 Sham 提出的交换关联能局域密度近似（local density approximation）[9] 是一种简单可行而又富有实效的近似，在具体计算中常被用到。其基本思想是利用均匀电子气密度函数 $\rho(r)$ 来得到非均匀电子气的交换关联泛函。对一个电子密度缓变的系统，用一均匀电子气的交换关联能密度 $E_{xc}[\rho(r)]$ 代替非均匀电子气的交换关联能密度，即

$$E_{xc}[\rho(r)] = \int \varepsilon_{xc}[\rho(r)]\rho(r)\,dr \tag{2-17}$$

Kohn-Sham 方程中的交换关联势近似为：

$$V_{xc}[\rho(r)] = \frac{\delta E[\rho(r)]}{\delta\rho(r)} \approx \frac{d}{d\rho(r)}\{\rho(r)\varepsilon_{xc}[\rho(r)]\} \tag{2-18}$$

$$V_{xc}[\rho(r)] = \varepsilon_{xc}[\rho(r)] + \rho(r)\frac{d\varepsilon_{xc}[\rho(r)]}{d\rho(r)} \tag{2-19}$$

Kohn 和 Sham 给出其交换相关能和交换相关势的局域量分别为：

$$\varepsilon_{xc}[\rho(r)] \approx -\frac{3}{2\pi}[3\pi^2\rho(r)]^{1/3} \tag{2-20}$$

$$\nu_{xc}[\rho(r)] \approx -\frac{1}{\pi}[3\pi^2\rho(r)]^{1/3} \tag{2-21}$$

对于均匀电子气的交换关联能密度，除了有上述 Kohn-Sham 形式外，还有 Barth-Hedin[10] 和 Gunnansson-Lundqvist[11] 等多种形式，其总能的计算结果非常接近。

严格地说，局域密度近似具有一定的局限性，它只适用于密度变化足够缓慢的情况。当密度变化足够缓慢时，交换关联能项和动能项都可展成密度梯度的幂函数，此时变化缓慢的密度梯度二阶以上的项均可忽略，而当密度变化不足够缓慢或比较快时局域密度近似将不再适用。

LDA 近似已被广泛应用于第一性原理的电子结构计算中，并已取得显著的成功，结合能带论的其他方法对许多半导体和金属基态性质，如晶格常数、晶体结合能、晶体力学性质均能得到与实验符合较好的结果，且能比较准确地描述诸多体系的电子结构和磁学性质。但是，该方法也存在一些问题，如不能正确处理包含 d 或 f 电子的体系、s-d 结合的体系给出的结合能过大、半导体的能隙偏小等；甚至在一些情况下出现错误的结果[12]。为此，在 LDA 的基础上进行一些改进和修正从而演绎出其他较为准确的近似，广义梯度近似就是其中一种。

2.2.2 广义梯度近似（GGA）

广义梯度近似（generalized gradient approximation，GGA）根据需要更精确的计入某处附近的电荷密度对交换关联能的影响，比如考虑到密度的一级梯度对交换关联能的贡献。在 GGA 近似中，交换关联能泛函是电荷密度及其梯度的函数，其表达式为：

$$E_{xc}[\rho(r)] = \int\rho(r)\varepsilon_{xc}[\rho(r)]dr + E_{xc}^{GGA}(\rho(r), |\nabla\rho(r)|) \tag{2-22}$$

这种近似是半局域化的，一般地，它比 LDA 给出的能量和结构更精确，更适用于开放的电子系统。目前常用的有 Becke[13]、Perdew-Wang[14-16] 和更为简练的形式 PBE（Perdew-Burke-Ernzerhof）[17] 等。与 LDA 近似计算结果相比，GGA 优点更为突出，比如该近似能更好地描述轻原子、分子、团簇以及碳氢化合物的基态性质；对 3d 过渡金属性质的描述更准确等。广义梯度近似现在已经成为第一性原理电子结构计算和体系物性研究重要方法，并随着计算理论的发展也在不断地发展完善。当然，并不是广义梯度近似给出的所有系统结果的都比局域密度近似的好，需根据具体的情况和相应的实验结果而定。

2.3　杂化泛函 HSE06

由上述知，密度泛函理论将难以处理的复杂多体问题映射成有效的单体问题，同时将复杂的难以处理的波函数归于未知的交换泛函中，从而在极大程度上降低了计算成本。计算过程中交换关联函数近似决定了密度泛函理论计算的精度，虽然常用的 LDA 和 GGA 近似对于大部分体系而言，这些局域或半局域近似均能以较低的时间成本得到令人满意的计算结果。然而，由于自相互作用误差[18]的存在及对长程动态和非动态相关效应的不完整描述，导致 LDA 和 GGA 近似在某些方面的表现还是不尽完美，比如低估非金属体系的能隙[19,20]、过度离域化电子导致不能正确地描述强关联体系、缺陷和表面态等[21-24]。后续针对该问题又提出并发展了全局的杂化密度泛函近似，即在传统的半局域交换中混入一定比例的非局域精确 Hartree-Fock 型交换。为避免出现高计算成本、难收敛和金属或窄能隙半导体中易出现的错误的结果[25,26]等问题 Heyd、Scuseria 和 Emzerhof[27-29]共同提出了 HSE 屏蔽库仑杂化泛函，即 HSE06[28,29]。

HSE 屏蔽杂化泛函是基于全局的杂化泛函 PBE0，它只保留了屏蔽的短程部分 HFX，且该屏蔽项通过将库仑算符分为短程（SR）和长程（LR）两部分而得到，相应关系如下式：

$$\frac{1}{r} = \frac{\mathrm{erfc}(\omega r)}{r} + \frac{\mathrm{erf}(\omega r)}{r} \tag{2-23}$$

式中，等式右边第一项为短程 SR；第二项为长程 LR 项；$\mathrm{erfc}(\omega r) = 1 - \mathrm{erf}(\omega r)$，$\omega$ 为一可调参数。

在 SHE06 泛函中，采用 25% 的短程 HFX 和 75% 的 PBE 交换，且 $\omega = 0.11\mathrm{Bohr}^{-1}$，其通用表达式可表示为：

$$E_{\mathrm{xe}}^{\mathrm{HSE}}(\omega) = \frac{1}{4}E_{\mathrm{x}}^{\mathrm{HSE,\ SR}}(\omega) + \frac{3}{4}E_{\mathrm{x}}^{\mathrm{PBE,\ SR}}(\omega) + E_{\mathrm{x}}^{\mathrm{PBE,\ LR}}(\omega) + E_{\mathrm{c}}^{\mathrm{PBE}} \tag{2-24}$$

式中，$E_{\mathrm{x}}^{\mathrm{HSE,\ SR}}$ 为短程 HF 交换；$E_{\mathrm{x}}^{\mathrm{PBE,\ SR}}$ 和 $E_{\mathrm{x}}^{\mathrm{PBE,\ LR}}$ 分别为半局域的 PBE 联的短程和长程分量，两分量可在 PBE 中通过积分而得到；$E_{\mathrm{c}}^{\mathrm{PBE}}$ 为 PBE 交换关联能。

2.4　赝　　势

势函数是计算必不可少的一重要物理量，势函数选取的合适与否与计算的最后结果有着密切的联系，其中超软赝势和投影缀加平面波法是第一性原理计算软件中较常用的两种势函数。

2.4.1 超软赝势（USPP）

超软赝势（ustrasoft pseudopotentials，USPP）[30]方法由 Vanderbilt 于 1990 年提出，该方法的特点是能使波函数变得比一般赝势波函数（如电荷守恒赝势方法）更平滑，用较小的平面波基组便可以得到较精确的结果，可大大提高计算效率，尤其是对含有周期表中第一行和过渡金属元素的体系。

真实势场中的薛定谔方程为：

$$[T + \nu(r)]\varphi_i^{AE}(r) = \varepsilon\varphi_i^{AE}(r) \tag{2-25}$$

式中，$i = \{\varepsilon_l lm\}$；$\varphi_i^{AE}(r)$ 是全电子波函数。对于一个连续的赝势，在截断半径 R_c 处要具有两阶以上的导数的连续性：

$$\varphi_{l\varepsilon}^{ps}(r)^{(n)}\big|_{r=R_c} = \varphi_{l\varepsilon}^{AE}(r)^{(n)}\big|_{r=R_c}, \quad n = 0, \ 1, \ 2, \ \cdots \tag{2-26}$$

式中，$\varphi_{l\varepsilon}^{ps}$ 为赝势波函数；$\varphi_{l\varepsilon}^{AE}$ 为全电子波函数；下标 l 代表角量子数。

在截断半径以内，赝势波函数给出和全电子波函数相等的电子数，即模守恒：

$$\int_0^{R_c} \varphi_{l\varepsilon}^{ps}(r)^2 dr = \int_0^{R_c} \varphi_{l\varepsilon}^{AE}(r)^2 dr \tag{2-27}$$

可将赝势写成局域项和非局域项两部分之和。

$$V = V_{loc} + V_{nl} \tag{2-28}$$

非局域项

$$V_{nl} = \sum_i \frac{|\chi_i\rangle\langle\chi_i|}{\langle\chi_i|\varphi_i^{ps}\rangle} \tag{2-29}$$

式中

$$|\chi_i\rangle = (\varepsilon - T - V_{loc})|\varphi_i^{ps}\rangle \tag{2-30}$$

局域项选择合理则可以避免出现所谓的"影子态"[31]，同时可减少赝势中的非局域项的强度。

$$E_l^{Strength} = \frac{\langle\chi_i|\chi_i\rangle}{\langle\chi_i|\varphi_i^{ps}\rangle} \tag{2-31}$$

式中，$|\varphi_i^{ps}\rangle$ 为能量算符 $T + V_{loc} + V_{nL}$ 的本征值为 ε 的赝波函数。

Vanderbilt[30,32-34] 和 Blöchl[35] 分别提出了将上述赝势推广到具有一个以上不相等的参考本征能量的情况中。

广义的电荷守恒条件可表示为

$$Q_{ij} = \langle\varphi_i^{AE}|\varphi_j^{AE}\rangle_{R_c} - \langle\varphi_i^{ps}|\varphi_j^{ps}\rangle_{R_c} = 0 \tag{2-32}$$

若将赝波函数 φ_i^{ps} 的复共轭记为 β_i，则

$$\langle\beta_i|\varphi_j^{ps}\rangle = \delta_{ij} \tag{2-33}$$

其中 β_i 可表示为

$$\left| \beta_i \right\rangle = \sum_j (B^{-1})_{ij} \left| \chi_j \right\rangle \tag{2-34}$$

$$B_{ij} = \left\langle \varphi_j^{\mathrm{ps}} \mid \chi_i \right\rangle \tag{2-35}$$

此时，非局域项可以表示为

$$V_{nl} = \sum_{i,j} B_{ij} \left| \beta_j \right\rangle \left\langle \beta_i \right| \tag{2-36}$$

可证明在这个新的赝势下，那些新的每一个多重参考态 $\left| \varphi_j^{\mathrm{ps}} \right\rangle$ 都是它的本征态。

最后，Vanderbilt 通过建立广义的本征值问题放弃了守恒条件，而构造了一个超软的非局域项，在求解相应的本征值时，其赝势波函数只需 $75 \sim 100$ 个平面波即可完成，有效地降低了计算量。由于放弃了守恒条件，非局域赝势项 V_{nl} 将不再具有厄米的性质。Vanderbilt 将标准的能量本征值问题改写为推广的能量的本征值的问题，定义一个非局域的叠加算符：

$$S = 1 + \sum_{i,j} Q_{ij} \left| \beta_j \right\rangle \left\langle \beta_i \right| \tag{2-37}$$

将非局域势算符项 V_{nl} （见式 （2-36））改写为

$$V_{nl} = \sum_{i,j} D_{ij} \left| \beta_j \right\rangle \left\langle \beta_i \right| \tag{2-38}$$

这里，

$$D_{ij} = B_{ij} + \varepsilon_j Q_{ij} \tag{2-39}$$

式中，B_{ij} 和 Q_{ij} 与前面定义相同，只是 Q_{ij} 不再满足等于 0 的条件。从而可得出

$$\left\langle \varphi_i^{\mathrm{ps}} \mid S \mid \varphi_j^{\mathrm{ps}} \right\rangle_{R_c} = \left\langle \varphi_i^{\mathrm{AE}} \mid \varphi_j^{\mathrm{AE}} \right\rangle_{R_c} \tag{2-40}$$

此时广义能量本征值方程可以写成：

$$(T + V_{\mathrm{loc}} + V_{nl} - \varepsilon S) \left| \varphi \right\rangle = 0 \tag{2-41}$$

虽然 B_{ij} 不再厄米，但可证明 Q 和 D 是厄米的，由此可得到 H 和 S 是厄米算符，以保证最后得到的本征值是实数。

在超软赝势的建立过程中，对于赝势波函数的唯一限制就是赝势波函数同全电子波函数必须在截断半径处及其以外范围相等，而放弃电荷守恒条件的限制，这样就可选择较大的截断半径。超软赝势的波函数由于不再受电荷守恒条件的限制，同全同电子波函数相比，因此在计算中存在着电荷的损失。在自洽的计算中，为了使这部分损失的电荷得到补偿，Vanderbilt 又定义电荷密度函数[32] 为：

$$n(\boldsymbol{r}) = \sum_{n,k} \varphi_{nk}^*(\boldsymbol{r}) \varphi_{nk}(\boldsymbol{r}) + \sum_{i,j} \rho_{ij} Q_{ij}(\boldsymbol{r}) \tag{2-42}$$

式中，$\rho_{ij} = \sum_{n,k} \left\langle \beta_i \mid \varphi_{nk} \right\rangle \left\langle \varphi_{nk} \mid \beta_j \right\rangle$，这样在实际计算中电荷密度 $\rho(\boldsymbol{r})$ 是由其他遵

循电荷守恒的赝势波函数计算得到。在计算 $Q_{ij}(\boldsymbol{r})$ 时，赝势波函数 φ^{ps} 代替全电子波函数 φ^{AE}。这样超软赝势计算的体系性质同电荷守恒赝势得到的几乎相同，超软赝势在实际的计算中已得到广泛应用[33,34]。

2.4.2 投影缀加平面波

虽然超软赝势在计算过渡金属元素方面提高了精度、节省了时间，但它构造起来比较困难。由 Blöchl 提出并被 Kresse 进一步发展的 PAW（projector augment wave method）方法[36,37] 避免了超软赝势的缺点。其思想来源于赝势和线性缀加平面波法（LAPW），是对超软赝势方法的进一步发展。在 PAW 方法中，Blöchl 引入了一个线性变化，把赝势（PS）波函数变换到全电子（AE）波函数，而且通过变换应用于 KS 密度泛函从而导出 PAW 总能函数。在 PAW 方法中，使用以原子为中心的径向网格点代替均匀网格点，从而在径向网格上处理全电子波函数和全电子势。由于避免了缀加电荷的赝化过程，故 PAW 势构造起来比较容易。现对 PAW 简单介绍如下：

由于 KS 能量泛函为：

$$E = \sum_n f_n \langle \boldsymbol{\Psi}_n | -\frac{1}{2} \nabla^2 \boldsymbol{\Psi}_n \rangle + E_H[n + n_z] + E_{xc}[n] \tag{2-43}$$

式中，$E_H[n + n_z]$ 是电荷密度为 n 和点电荷为 n_z 的原子核的 Hartree 能；$E_{xc}[n]$ 为交换关联能；f_n 为轨道占据数。

通过线性变换把 PS 波函数变成 AE 波函数：

$$|\boldsymbol{\Psi}_n\rangle = |\widetilde{\boldsymbol{\Psi}}_n\rangle + \sum_i (|\varphi_i\rangle - |\widetilde{\varphi}_i\rangle)\langle \widetilde{p}_i | \widetilde{\boldsymbol{\Psi}}_n\rangle \tag{2-44}$$

其中，PS 波函数中 $\widetilde{\boldsymbol{\Psi}}_n$ 是变分量，i 代表的是坐标为 $\boldsymbol{R}$，角动量量子数为 $\boldsymbol{L}=l$, m 和参考能为 ε_{kl} 的第 i 个原子。AE 分波波函数 $|\varphi_i\rangle$ 一般通过求解参考原子的径向薛定谔方程得到，而 PS 分波波函数 $|\widetilde{\varphi}_i\rangle$ 在芯区外和每个相应的 AE 分波波函数 $|\varphi_i\rangle$ 等价，在芯区内连续。对每个 PS 分波波函数 $|\widetilde{\varphi}_i\rangle$ 而言，其投影函数 $\widetilde{p}$ 局域在缀加区域内，并且满足条件 $\langle \widetilde{p}_i | \widetilde{\varphi}_j\rangle = \delta_{ij}$。由式（2-42）可知，在 PAW 方法中全电子电荷密度 $n(\boldsymbol{r})$ 为：

$$n(\boldsymbol{r}) = \widetilde{n}(\boldsymbol{r}) + n^1(\boldsymbol{r}) - \widetilde{n}^1(\boldsymbol{r}) \tag{2-45}$$

式中，$\widetilde{n}(\boldsymbol{r})$ 为较软（平滑）赝电荷密度在均匀网格上直接计算得来的软赝电荷密度：

$$\widetilde{n}(\boldsymbol{r}) = \sum_n f_n \langle \widetilde{\boldsymbol{\Psi}}_n | \boldsymbol{r}\rangle\langle \boldsymbol{r} | \widetilde{\boldsymbol{\Psi}}_n\rangle \tag{2-46}$$

而位电荷密度 $n^1(\boldsymbol{r})$ 和 $\widetilde{n}^1(\boldsymbol{r})$ 在径向网格上处理:

$$n^1(\boldsymbol{r}) = \sum_{(i,j)} \rho_{ij} \langle \varphi_i | \boldsymbol{r} \rangle \langle \boldsymbol{r} | \varphi_j \rangle \tag{2-47}$$

$$\widetilde{n}^1(\boldsymbol{r}) = \sum_{(i,j)} \rho_{ij} \langle \widetilde{\varphi}_i | \boldsymbol{r} \rangle \langle \boldsymbol{r} | \widetilde{\varphi}_j \rangle \tag{2-48}$$

ρ_{ij} 是每个缀加轨道 (i,j) 的占据数,可从赝势波函数作用到投影函数上得到:

$$\rho_{ij} = \sum_n f_n \langle \widetilde{\boldsymbol{\varPsi}}_n | \widetilde{p}_i \rangle \langle \widetilde{p}_j | \widetilde{\boldsymbol{\varPsi}}_n \rangle \tag{2-49}$$

对于一个完全集 $\{\widetilde{p}_i\}$,在缀加区域球内 $n^1(\boldsymbol{r}) = \widetilde{n}^1(\boldsymbol{r})$。

为考虑冻芯近似,引入 4 个参数: n_c、$\widetilde{n}_c$、n_{Zc} 和 $\widetilde{n}_{Zc}$,其中 n_c 是参考原子中冻芯全电子波函数的电荷密度,分波电子芯态密度 $\widetilde{n}_c$ 在待定的半径 r_{pc}(r_{pc} 位于缀加区域内)之外等价于 $\widetilde{n}_c$,定义

$$n_{Zc} = n_Z + n_c \tag{2-50}$$

式中,n_Z 为原子核的点电荷密度。而赝化的芯态密度 $\widetilde{n}_{Zc}$ 在芯区之外与 n_{Zc} 等价,在芯区之内具有与 $\widetilde{n}_{Zc}$ 相同的多极矩:

$$\int_{\Omega_r} n_{Zc}(\boldsymbol{r})\,\mathrm{d}x\mathrm{d}y\mathrm{d}z = \int_{\Omega_r} \widetilde{n}_{Zc}(\boldsymbol{r})\,\mathrm{d}x\mathrm{d}y\mathrm{d}z \tag{2-51}$$

为有效地处理长程静电相互作用,总电荷被分成 3 部分:

$$n_T = n + \widetilde{n}_{Zc} = (\widetilde{n} + \hat{n} + \widetilde{n}_{Zc}) + (n^1 + n_{Zc}) - (\widetilde{n}^1 + \hat{n} + \widetilde{n}_{Zc}) \tag{2-52}$$

其中最关键的一步是引入了一个补偿电荷 $\hat{n}$,并将其加到软的电荷密度 $\widetilde{n} + \widetilde{n}_{Zc}$ 和 $\widetilde{n}^1 + \widetilde{n}_{Zc}$ 中,是为了重新产生电子电荷密度 $n^1 + n_{Zc}$ 的正确的多极矩(局域在各个缀加区内)。

为了分解交换关联能,并引入以下电荷密度:

$$n_c + n = (\widetilde{n} + \hat{n} + \widetilde{n}_c) + (n^1 + n_c) - (\widetilde{n}^1 + \hat{n} + \widetilde{n}_c) \tag{2-53}$$

则对于一个局域或半局域的交换关联能和一个投影算符的完全集,可得到:

$$E_{xc}[\widetilde{n} + \hat{n} + \widetilde{n}_c] + \overline{E_{xc}[n^1 + n_c]} - \overline{E_{xc}[\widetilde{n}^1 + \hat{n} + \widetilde{n}_c]} \tag{2-54}$$

这里 $\overline{E}$ 表示相应的量在缀加区内的径向格点上的求解。

总能的最终表达式可写成三部分,

$$E = \widetilde{E} + E^1 - \widetilde{E}^1 \tag{2-55}$$

其中

$$\widetilde{E} = \sum_n f_n \langle \widetilde{\Psi}_n | -\frac{1}{2} \nabla^2 | \widetilde{\Psi}_n \rangle + E_{xc}[\tilde{n} + \hat{n} + \tilde{n}_c] + E_H[\tilde{n} + \hat{n}] +$$

$$\int \nu_H[\tilde{n}_{Zc}][\tilde{n}(r) + \hat{n}(r)]dr + U(R, Z_{ion}) \qquad (2-56)$$

$$\widetilde{E}^1 = \sum_{i,j} \rho_{ij} \langle \widetilde{\varphi}_i | -\frac{1}{2} \nabla^2 | \widetilde{\varphi}_j \rangle + \overline{E_{xc}[\tilde{n}^1 + \hat{n} + \tilde{n}_c]} + \overline{E_H[\tilde{n}^1 + \hat{n}]} +$$

$$\int_{\Omega_r} \nu_H[\tilde{n}_{Zc}][\tilde{n}^1(r) + \hat{n}(r)]dr \qquad (2-57)$$

$$E^1 = \sum_{i,j} \rho_{ij} \langle \varphi_i | -\frac{1}{2} \nabla^2 | \varphi_j \rangle + \overline{E_{xc}[n^1 + n_c]} + \overline{E_H[n^1]} + \int_{\Omega_r} \nu_H[n_{Zc}] n^1(r) dr \qquad (2-58)$$

式中，ν_H 为电荷密度 n 产生的静电势。

$$\nu_H[n](r) = \int \frac{n(r')}{|r - r'|} dr' \qquad (2-59)$$

相应的静电能为

$$E_H[n] = \int \frac{n(r)n(r')}{|r - r'|} dr' \qquad (2-60)$$

由总能泛函对赝电荷密度函数求变分，最终可得到哈密顿算符：

$$H[\rho, \{R\}] = -\frac{1}{2} \nabla^2 + \tilde{v}_{eff} + \sum_{i,j} |\tilde{p}_i\rangle (\hat{D}_{ij}^1 + D_{ij}^1 - \widetilde{D}_{ij}^1) \langle \tilde{p}_i| \qquad (2-61)$$

其中

$$\hat{D}_{ij} = \frac{\partial \widetilde{E}}{\partial \rho_{ij}} = \int \frac{\delta \widetilde{E}}{\delta \hat{n}(r)} \frac{\partial \hat{n}(r)}{\partial \rho_{ij}} dr = \sum \int_{\Omega_r} \tilde{v}_{eff}(r) \hat{Q}_{ij}^L(r) dr \qquad (2-62)$$

$$D_{ij}^1 = \frac{\partial E^1}{\partial \rho_{ij}} = \langle \varphi_i | -\frac{1}{2} \nabla^2 + v_{eff}^1 | \varphi_j \rangle \qquad (2-63)$$

$$\widetilde{D}_{ij}^1 = \frac{\partial \widetilde{E}^1}{\partial \rho_{ij}} = \langle \widetilde{\varphi}_i | -\frac{1}{2} \nabla^2 + \tilde{v}_{eff}^1 | \widetilde{\varphi}_j \rangle + \sum_L \int_{\Omega_r} \tilde{v}_{eff}^1(r) \hat{Q}_{ij}^L(r) dr \qquad (2-64)$$

2.5 结构优化方法

在具有周期性结构的固体中，原子在平衡位置所受力的矢量和为零。但在某些情况下，如表面、界面或存在缺陷等体系中，由于原子所处环境的改变导致原子受力发生改变，离子偏离原来的平衡位置。通常在给定了研究体系之后，第一要务是确定体系最稳定结构。从原理上来讲，结构优化能确定体系势能曲面的全局能量极小值点。该方法从离子受力角度出发，计算离子新的平衡位置，同时保证此结构达到总能（全局）最小值。由于离子弛豫势必导致电荷重新分布，因此在计算时要同时考虑电荷密度自洽和离子的弛豫。在材料模拟结构优化时需选择合适的结构优化方法。

2.5.1 Hellmann-Feynman 力

Hellmann 和 Feynman 在量子力学框架下给出了作用在离子实上的力，若离子的位置坐标记为 R_I，受力记为 F_I。F_I 是总能对离子位置的偏导，可表示为：

$$F_I = -\frac{\partial E}{\partial R_I} \tag{2-65}$$

E 作为系统哈密顿量的能量本征值，满足 Kohn-Sham 方程，

$$H|\varphi\rangle = E|\varphi\rangle \tag{2-66}$$

由此可得到

$$E = \langle\varphi|H|\varphi\rangle \tag{2-67}$$

将式（2-66）和式（2-67）代入到受力方程式（2-65）可得：

$$F_I = -E\frac{\partial}{\partial R_I}\langle\varphi|\varphi\rangle - \left\langle\varphi\left|\frac{\partial H}{\partial R_I}\right|\varphi\right\rangle \tag{2-68}$$

由于 $\langle\varphi|\varphi\rangle$ 为归一化常数，那么最终作用在离子实上的力可表示为：

$$F_I = -\left\langle\varphi\left|\frac{\partial H}{\partial R_I}\right|\varphi\right\rangle \tag{2-69}$$

这就是著名的 Hellmann-Feynman 定理[38,39]。

Hellmann-Feynman 定理计算出的力与电子波函数相联系，它的误差正比于波函数误差的一级修正量。只有波函数非常接近真实本征态时，由 Hellmann-Feynman 定理计算出来的力才是精确的。所以计算时要同时考虑离子的弛豫和电荷的自洽，即离子在受力后达到一个新的位置时，此时电子也需要接近瞬间基态，然后在新的离子位置和新的电子密度下再次进行计算，直到总能达到（全局）极小值。

在得到离子所受的力后，需要对离子进行弛豫，既需要知道离子弛豫方向和受力大小，最为常用的一种离子弛豫方法为共轭梯度方法。

2.5.2 共轭梯度方法

共轭梯度方法（conjugate gradient minimization scheme，CG）[40]是直接最小化总能函数的一种有效方法，已被广泛用于一些软件中。该方法由 Teter 等人首先提出，对各个能带进行逐带最小化，对每个能带优化时使用标准的 CG 算法[41-43]。对第 m 个带而言，哈密顿的期望值为：

$$\varepsilon_{\text{app}} = \frac{\langle \varphi_m | H | \varphi_m \rangle}{\langle \varphi_m | S | \varphi_m \rangle} \tag{2-70}$$

该值被称为 Rayleigh 商，在满足 $\langle \varphi_m | S | \varphi_m \rangle = 1$ 的条件下，若将式（2-68）对 $\langle \varphi_m |$ 进行变分得到残数矢量：

$$| R(\varphi_m) \rangle = (H - \varepsilon_{\text{app}} S) | \varphi_m \rangle \tag{2-71}$$

为了保证同其他能带的正交性，引入 Lagrange 乘子，可导出共轭梯度算法的最优化的寻找方向，即 CG 矢量方向[43]：

$$| g_m \rangle = | g(\varphi_m) \rangle = (1 - \sum_n | \varphi_n \rangle \langle \varphi_n | S) K (H - \varepsilon_{\text{app}} S) | \varphi_m \rangle \tag{2-72}$$

式中，$K = 1$。

为提高该算法的效率，Teter 等人提出了调制函数，其表达式如下：

$$K = -\sum_q \frac{2 | q \rangle \langle q |}{3/2 E^{\text{Kin}}(R)} \cdot \frac{27 + 18x + 12x^2 + 8x^3}{27 + 18x + 12x^2 + 8x^3 + 64x^4} \tag{2-73}$$

式中，$x = \dfrac{\hbar^2}{2m_e} \dfrac{q^2}{3/2 E^{\text{Kin}}(R)}$，当 q 较大时，K 的对角矩阵元收敛为：

$$K \rightarrow \frac{2m_e}{\hbar^2 q^2} \tag{2-74}$$

CG 方法在优化能量函数和描述体系基态方面具有稳定性、可靠性和高效性等优点，但它给出的往往是基态本征值的线性组合，而非精确的基态本征值。特别是金属，为精确得到 K-S 方程的本征解，可再进一步进行所谓的子空间旋转。空间旋转的思想来源于 Rayleigh-Ritz[44]：把当前已优化的波函数（φ_m；$m = 1$，…，N_b）进行一个幺正变换，从而保证哈密顿量在变换后的波函数集所张开的子空间中是对角化的。其方法流程为：首先，在子空间 $\{\varphi_m\}$ 中计算哈密顿矩阵

$$\overline{H}_{nm} = \langle \varphi_n | H | \varphi_m \rangle \tag{2-75}$$

和交叠矩阵

$$\overline{S}_{nm} = \langle \varphi_n | S | \varphi_m \rangle \tag{2-76}$$

然后，可用一般的矩阵对角化方法使其矩阵对角化

$$\sum_m \overline{H}_{nm} B_{mk} = \sum_m \varepsilon_k^{\text{app}} \overline{S}_{nm} B_{mk} \tag{2-77}$$

式中，B_{mk} 为对角化操作矩阵元。最低能量的本征值和本征矢量分别为：

$$\varepsilon_k^{\text{app}}, | \overline{\varphi}_k \rangle = \sum_m B_{mk} | \varphi_m \rangle \tag{2-78}$$

这便是 KS 方程在子空间 $\{\varphi_m\}$ 中的基态本征值与本征矢量的近似。

2.5.3　自洽计算

由于 Kohn-Sham 方程中的有效势依赖于电荷密度，故在实际的计算中 Kohn-

Sham 方程是通过自洽来求解[45]，其标准流程如图 2-1 所示。计算模拟中采用输入的电荷密度来构造体系的哈密度量，然后进行优化，得到输出电荷密度，并将此输出电荷密度和原来的输入电荷密度相混合以产生新的输入电荷密度，用于下一步计算。

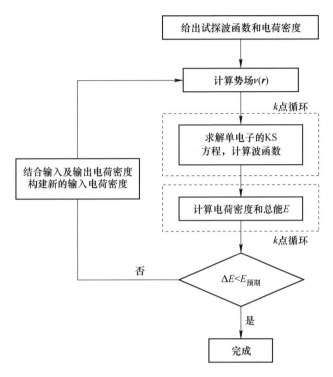

图 2-1　赝势方法流程图

2.6　从头分子动力学法

分子动力学假定原子的运动是由牛顿运动方程决定的，这意味着原子的运动是与特定的轨道联系在一起的。当核运动的量子效应可以忽略，以及绝热近似严格成立时，分子动力学的这一假定是可行的。

2.6.1　分子动力学的实现过程

分子动力学的具体实现过程为[46]：

（1）对于给定的 $\{R_I\}$ 求解 KS 方程，使电子处在基态；

（2）根据 Hellmann-Feynman 定理计算每个离子受到的力 $F_I = -\left\langle \varphi \left| \dfrac{\partial H}{\partial R_I} \right| \varphi \right\rangle$；

（3）积分牛顿运动方程 $M_I \ddot{R}_I = -\left\langle \varphi \left| \dfrac{\partial H}{\partial R_I} \right| \varphi \right\rangle$。

这也是 VASP 软件中分子动力学模拟实现的过程。

2.6.2　C-P 从头计算分子动力学模拟

由于在每一步分子动力学中，要重复地去求解 KS 方程组，计算量比较大，Car，Parrinello[47-49] 给出了一种较先进的方法进行从头计算分子动力学模拟，这种方法的突出优点是能同时处理包含电子和离子的系统。也就是说，无须每一步都去重复自洽地求解 KS 方程组，就能达到同时获取离子的轨迹和相应的电子基态的目的。对一个包含 N 个粒子的真实体系，其经典的拉格朗日函数为：

$$L = \frac{1}{2}\sum_I M_I \dot{R}_I^2 - V[\{R_I\}] \tag{2-79}$$

而 Car，Parrinello 提出的从头计算分子动力学模拟突出的一点就是在真实的物理体系中引进一个虚拟的电子动力学体系，这样一个虚拟体系的广义经典拉格朗日函数为：

$$L = \sum_i \mu_i \langle \dot{\psi}_i | \dot{\psi}_i \rangle + \frac{1}{2}\sum_I M_I \dot{R}_I^2 - E[\{\psi_i\}, \{R_I\}] \tag{2-80}$$

为了保证波函数的正交性，而引入拉格朗日因子 Λ_{ij} 后可以推导出：

$$\mu \dot{\psi}_i = -\frac{\delta E}{\delta \psi_i^*} + \sum_j \Lambda_{ij}\psi_j \tag{2-81}$$

$$M_I \ddot{R}_I = \frac{\partial E}{\partial R_I} \tag{2-82}$$

根据上式，在每一个分子动力学步中，可以同时对电子的自由度和离子实的自由度积分，通过对参数 μ 和初始条件 $\{\psi_i\}_0$、$\{\dot{\psi}_i\}_0$ 的选取，使电子运动时间标度远小于离子的时间标度，以使电子在离子坐标每次变动之前尽量趋于基态。换句话说，通过对参数 μ 和初始条件 $\{\psi_i\}_0$、$\{\dot{\psi}_i\}_0$ 的选取使离子和电子的自由度耦合很弱，它们之间的能量转移足够小，而使电子的运动绝热于离子的运动。这种方法的优点是：除了对初始原子构型外，用不着每步都自洽地求解 KS 方程组，大大地减少了计算量。

2.7　寻找扩散路径方法（爬坡弹性带理论）

缺陷扩散路径的搜寻来源于过渡态理论，也是寻找反应路径的问题或者说是在系统的势能面上找到两个平衡状态之间的鞍点问题，是化学、生物学、凝聚态物理等一些领域里普遍关心的一个问题。对于一个有 N 个原子组成的系统，就会有 $3N$ 个自由度，不同的原子构型和系统的一个能量相对应，系统的势能面也将是一个 $3N$ 维的势能面。在这样一个复杂的势能面上找出两个状态之间的鞍点确实是一个非常具有挑战性的问题。下面我们介绍一种现在比较常用的一种方法 Nudged Elastic Band（NEB）方法[50-53]。

NEB 方法是在给定一个初态结构 R 和一个末态结构 P 的情况下求出系统在这两个结构之间转变的最小能量路径（MEP）的一种十分有效的方法。首先，要在初态构 R 和末态结构 P 之间试探性地加入一些中间的态结构而构成一条链，记为 $\{R_0, R_1, R_2, \cdots, R_N\}$，其中 R_0 为初态结构 R，R_N 为末态结构 P，中间插入 $(N-1)$ 个态结构。形象地来说，所有这些态结构排成一条链，初态和末态分别位于链的两头。如果不考虑外加约束条件，这些态结构经过优化后都会处于局域能量最小值的位置点，而不能给出一个连续的最小能量路径。为了保持整个路径的连续性，在相邻的态结构之间人为地增加一种弹性作用力，这些态结构可以看作由假想的弹性带连接起来，它们彼此之间可以保持一定的距离，相对比较均匀地分布在能量路径上，而不会全部被优化到局域能量最小值的状态。该方法是一个中间所有态结构同时优化的过程，而不是一个单独的优化过程。当态结构上所受到的力最小时，这条链就形成了 MEP 路径，如图 2-2 所示。NEB 方法的关键就在于利用力的投影，既使得弹性作用力不会把所有态结构都优化到 MEP 路径上，又使得态结构上所受到的真实作用力不影响它们在 MEP 上的分布情况。其具体做法就是首先计算每个态结构所在路径位置处在每次优化过程中的切线，并把其所受到的真实作用力和弹性作用力分解成垂直和平行于路径切向方向的分

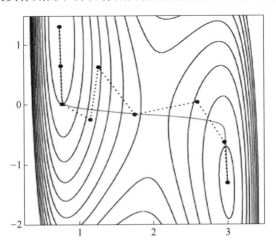

图 2-2　弹性带示意图

（在初态和末态之间线性均匀的插入态，即小黑点。虚线表示找到的反应路径，实线为能量最小路径）

量。在实际优化过程中，只考虑真实作用力的垂直分量和弹性作用的平行分量：

$$F_i^{NEB} = -\nabla E(R_i)\big|_\perp + [k_{i+1}(R_{i+1} - R_i) - k_i(R_i - R_{i-1})]\big|_{11} \qquad (2-83)$$

式中，R_i 为系统的坐标矢量；$E(R_i)$ 为状态 R_i 的势能；k_i 为状态链上的弹性系数。

这样处理的结果使得弹性作用力只控制 images 在路径上的分布。近年来，NEB 方法又有一些新的改进[53,54]。现在，NEB 方法已经和第一性原理的计算方法结合起来计算如原子、分子在金属或半导体表面扩散[55,56]，以及一些点缺陷在晶体内部的扩散[57-60]等问题，得到了十分广泛的应用。

2.8 晶体结构预测

2.8.1 粒子群优化算法

1955 年，Kennedy 和 Eberhart 根据对鸟群觅食过程中的迁徙和群聚行为的研究发现，鸟群在觅食的整个搜索过程中，通过个体间共享信息，让同伴知道自己所在位置，通过协作来判断自己找到的是不是最优解，同时也将最优解的信息传递给整个鸟群，从而使整个群体的觅食运动在空间中产生从无序到有序的演化过程，最终，整个鸟群都能聚集在食物源周围，从而实现成功觅食的目的，即找到了最优解。借助这种现象，这两个人提出一种全局优化算法，即粒子群优化算法（particle swarm optimization，PSO）[61]。优化问题的每个可能解类比搜索空间的一个鸟，被称为搜索空间中的一个粒子，它利用空间不同粒子个体间的相互配合，高效地进行空间搜索，从而实现复杂空间最优解的搜索。PSO 算法初始于一群随机粒子，然后通过迭代的方法找到最优解。在每一次迭代过程中，粒子通过跟踪对比两个极值来更新。一个极值是粒子自身所找到的最优解，被称为个体极值，而另一个极值是整个种群所找到的最优解，被称为全局极值。对于每个粒子，通过对比全局极值和个体极值进行取舍，然后进行下次的迭代。该算法是基于种群和进化的迭代算法，更是一种强大的全局优化算法。该算法的优点是粒子群体中的个体通过共享信息实现相互间的协作，同时又通过优先发现适应度最高的粒子来实现竞争，从而在搜索空间中高效地确定全局最优解。每个粒子通过建立目标函数计算其适值，然后通过在搜索空间的速度实现对搜索空间的探索。换言之，粒子的速度决定了它的飞行方向和飞行距离，每个粒子在搜索空间内根据自身历史最佳位置和整个种群最优粒子的位置来判断自己飞行的速度和方向，从而实现对搜索空间的有效探索。由于粒子优化算法具有良好应用背景，加上算法本身具有的显著优点，比如可调参数少、简单容易实现、对于复杂问题给出的结果比较理想可靠等优点，因此得到了广泛应用。

2.8.2 CALYPSO 结构预测软件

CALYPSO 结构预测软件是吉林大学马琰铭团队开发的具有自主知识产权的理论计算软件，该软件基于粒子群优化算法结合总能计算方法，根据用户给定的物质化学组分和外界条件（如压强），无须实验数据即可预测全局最稳定或亚稳定结构的一款软件。并且它可接口当前流行的 VASP、CASPTEP、SIESTA 等理论计算软件进行并行计算，利用该软件已在理论计算领域已取得了一系列骄人的科研成果[62-68]，目前该软件已推广至全球 30 多个国家。

CALYPSO 结构预测软件首先根据对称性限制条件随机产生结构、运用粒子群优化算法进行局域优化，然后进行结构相似表征，并在每一代中引入部分随机结构，从而确定材料最稳定的微观结构，其用到的关键技术和流程分述如下。

2.8.2.1 产生随机结构技术

CALYPSO 软件进行结构预测的第一步是根据对称性随机产生结构，并将对称性限制技术引入到结构预测中。首先在 CALYPSO 程序中建立了 230 种空间群的对称操作库。由晶体学知识知晶体微观结构需用晶胞参数和原子位置来表征[69]，因此在晶格预测时晶胞参数和原子位置的确定是关键。在使用结构产生对称性限制时，首先根据给定的原子的个数，从 230 个空间群中随机选择一个空间群，并根据所选择的空间群的布拉菲晶格要求产生晶格参数，再由空间群的对称操作产生原子坐标。

2.8.2.2 粒子群优化算法

在结构的演化过程中，一系列的结构称为一代，把每一代的每一个结构看作是搜索中的一个粒子。从第二代开始，采用粒子群优化算法可以产生默认种群 60% 的新结构，演化过程中粒子（某结构）的位置通过式（2-84）（PSO 公式）来进行更新。

$$x_{i,j}^{t+1} = x_{i,j}^{t} + v_{i,j}^{t+1} \tag{2-84}$$

式中，t 表示演化的代的数值，根据第 t 代空间结构以及第 $t+1$ 代的速度可以得到第 $t+1$ 代的空间结构。

$t+1$ 代的速度公式表示为：

$$v_{i,j}^{t+1} = \omega v_{i,j}^{t} + c_1 r_1 (\text{pbtest}^t - x^t) + c_2 r_2 (\text{pbtest}^t - x^t) \tag{2-85}$$

式中，ω 为惯性权重系数，其数值从 0.9 线性的降低到 0.4；c_1、c_2 为学习因子；r_1、r_2 为 [0, 1] 区间内的随机数，随机数 r 可使整个搜索更好地覆盖到整个势能面，从而避免陷入某个局部最小值里。搜索空间中的粒子的移动速度和方向是根据粒子的过去经验（pbtest^t，v^t）以及全局的（pbtest^t）共同来决定，从而追随能量最小的粒子向全局最小值点移动。通常采用把最大值限制在 [-0.1, +0.1]

的方法来防止发散。为了保证搜索过程的早熟问题，也采用局域粒子群优化算法（local particle swarm optimization），此方法可以把整个搜索势能面分成多个区域，对于每个区域单独进行 PSO 计算。PSO 算法的结构预测原理如图 2-3 所示。并且通过比较全局群优化算法和局域群优化算法（见图 2-4）可以降低势能面的搜索空间和搜索维度。

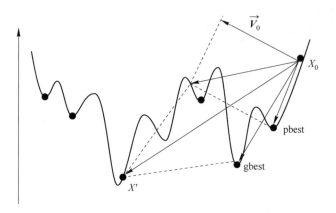

图 2-3　PSO 算法在结构预测中的工作原理示意图[70]

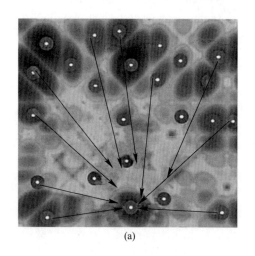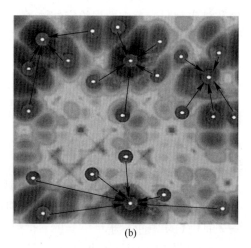

图 2-4　全局版粒子群优化算法(a)和局域版粒子群优化算法(b)[70]

　　根据种群个体信息交换方式，可以将粒子群优化算法分为两种模型。一种模型是把整个种群看作一个全局粒子优化算法，另一种模型是把整个种群分成几个不同区域的粒子局域群优化算法。对于第一种模型的群优化算法，种群中适应度最高的某个粒子与其他粒子进行信息交换，从而出现所有粒子均向唯一的最佳位置移动的趋势，这种模型的算法速度较快，如果研究对象的变量较多会导致陷入局域最小。第二种模型的群优化算法可以克服第一种模型下的不足，每个粒子的更新速度既会受以前的最佳位置影响，也会受周围其他粒子的最佳位置的影响，从而使所有粒子均有向各区域小种群整体最佳位置移动的趋势，而不是整个种群的最佳位置。

2.8.2.3 局域结构优化

CALYPSO 软件可以采用第一性原理软件包或者力场的程序进行结构优化，结构优化一般采用的是局部优化算法，采用多种方法得到给定势函数的能量极小值。局部算法主要有线性最小化、最速下降法、共轭梯度法等。通过局域算法得到能量处于极小值时的晶体空间结构。局域优化算法可以降低势能面上的噪声扰动，并有效提高不同空间结构的对比度，从而找到势能面上的极小值点，极小值点的获取能够提供更物理的信息为产生下一代结构打下基础。

2.8.2.4 根据成键特征矩阵排除相似结构

势能面可看成连接多个能谷的鞍点形成的多维能量面，在某个能谷附近的一系列结构，在进行局域优化后将落至某个能谷里，也就是经过局域优化后，大多数的相似结构均变成一能量极小的稳定的空间结构。为避免计算资源的浪费，从而定义一个函数用以排除相似的结构。排除相似结构的函数需要具备不根据能量、带隙等结构性质来表征结构，仅根据给定结构构型表征结构，同时该函数还不能依赖于结构坐标，当对结构进行旋转或者空间平移的情况下，函数要具有不变性。

根据基于结构中原子的间距的方法判断结构之间的相似性，根据键长和成键的种类来表征某个空间结构的具体特征。此方法称为结合结构参数。根据具体结构，计算出不同成键数和相应键长。然后，把这些信息输入矩阵。首先对产生的新结构计算其几何结构参数，并与已有的参数进行对比，对比之后若发现有相同的成键数，紧接着根据键长对比 $\Delta d = \sqrt{\sum_{ij}(L_i - L_j)\delta_{ij}}$ ，若两结构相同，则它们的 Δd 小于给定的精度，否则大于给定的精度。

采用成键特征矩阵的技术方法反应成键信息，这些信息包括键长、键角和成键种类等。对 Steinhardt[71] 发展的键取向矩阵进行修改，从而量化全部的键角信息，且键长信息可以根据键长的 e 指数来量化。在原子间距离小于给定的截断值时，此方法可以计算出所有的成键信息。每个种类的成键矩阵函数表示如下：

$$\overline{Q}_{lm}^{\delta_{AB}} = \frac{1}{N_{\delta_{AB}}} \sum_{i \in A, \, j \in B} e^{-\alpha(r_{ij} - b_{AB})} Y_{lm}(\theta_{ij}, \, \varphi_{ij}) \qquad (2\text{-}86)$$

式中，r_{ij} 为第 i 个原子指向第 j 个原子的矢量；θ_{ij} 和 φ_{ij} 为极坐标系下的极角和方位角；A 和 B 代表的是第 i 和 j 个原子的种类；$Y_{lm}(\theta_{ij}, \, \varphi_{ij})$ 是球谐函数；$N_{\delta_{AB}}$ 是 A 与 B 元素之间形成的键数；b_{AB} 为每种键的最短键长。

通过调整 α 这个参数可以使 $e^{-\alpha(r_{ij} - b_{AB})} = 0$，这样处理的目的是为了消除坐标的影响，然后矩阵变化如下：

$$Q_{lm}^{\delta_{AB}} = \sqrt{\frac{4\pi}{2l+1} \sum_{m=-l}^{l} |\overline{Q}_{lm}^{\delta_{AB}}|^2} \tag{2-87}$$

得到的每个结构均可以通过此矩阵来表征。通过比较两结构的欧氏距离：

$$D_{uv} = \sqrt{\left[\sum_{\delta_{AB}} \sum_{l} (Q_{lm}^{\delta_{AB},\,u} - Q_{lm}^{\delta_{AB},\,v})^2 \right]} \tag{2-88}$$

来判断两结构之间的相似度，式中的 u 和 v 分别代表其各自的结构。

2.8.2.5　惩罚函数

根据 Bell-Evans-Polanyi [72,73]原理可知，势能面上能量较低的能谷之间通过一个较低的能垒相连，而较高的能谷通过较高的能垒相连。根据 Bell-Evans-Polanyi 原理构建惩罚函数以提高 CALYPSO 软件的搜索效率。惩罚函数的意思是 CALYPSO 在预测结构演化过程中，会丢弃掉能量较高的结构，由于使用能量较低的结构分布在全局最稳定结构附近的可能性更大，因此能量较低的结构被用来产生新结构。CALYPSO 丢弃掉部分能量高的结构后，会随机重新产生一些新结构，且其对称性与已有结构的对称性不同，因此增加了结构的多样性。使用惩罚函数可以提高 CALYPSO 软件搜索最稳定结构的效率及成功率。

CALYPSO 软件计算的大致流程见图 2-5，具体如下：

（1）根据需要输入的相应参数，随机产生多个结构，这些结构作为后续结构演化的初始种群。

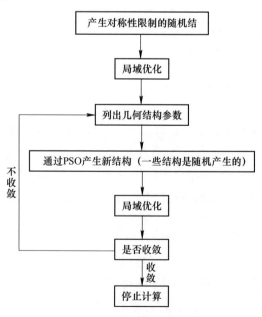

图 2-5　CALYPSO 计算流程图

（2）对每个空间结构进行局部优化。

（3）对每个结构的适应度（一般是结构的能量）进行评价。

（4）采用相似函数建立或更新结构的特征列表。

（5）根据 PSO 方法产生新结构作为下一代种群的新结构。

（6）评估种群中每个结构的能量，更新 gbest。

（7）判断是否收敛，若收敛则计算结束，否则继续建立特征列表。

2.9 晶格振动与声子

晶体学中，原子因扰动发生微小位移后围绕其平衡位置的振动称为晶格振动，这种振动并不局域在某处，而是以格波的形式在晶格中传播。格波可与中子，光子和电子发生相互作用，从而反映出晶体的热学、光学、磁性、超导及结构相变等性质，所以晶格振动与晶体的宏观性质息息相关，因此研究晶格振动是认识晶体宏观性质与微观过程的重要手段。晶格振动通过原子间的相互作用而得以在整个晶体内传播，从而形成了行波。在简谐近似下，晶格振动可通过正则变化而分解成独立的无相互作用的一系列振动模式的线性叠加。根据量子力学，每一振动模式对应某特定频率 ω，其能量为 $\hbar\omega$。晶格振动能量最小单元称为声子，它是晶格振动元激发的最小单元。因此振动模式可用振动能量 $\hbar\omega$ 和准动量为 $\hbar k$ 声子描述晶格振动的能量和动量。频率 ω 和波矢 k 的关系称为色散关系或者声子谱。声子谱是晶体中原子结构和原子运动的本质特征，对研究固体材料的物理性质和热稳定性非常重要。

要研究原子的振动，需要求出原子的受力，原子其受力公式如下：

$$F(\ddot{R}_I) = -\frac{\partial E(R)}{\partial R_I} = M_I \frac{\partial^2 R_I}{\partial^2 t} \tag{2-89}$$

特定温度下的固体物质，能量 $E(R)$ 对位移的导数为：

$$C_{I,\,\alpha;\,J,\,\beta} = -\frac{\partial E^2(R)}{\partial R_{I,\,\alpha} \partial R_{J,\,\beta}}, \ C_{I,\,\alpha;\,J,\,\beta;\,K,\,\gamma} = -\frac{\partial E^3(R)}{\partial R_{I,\,\alpha} \partial R_{J,\,\beta} \partial R_{K,\,\gamma}}, \ \ldots$$
$$\tag{2-90}$$

在简谐近似下，频率为 ω 的振动模式可表示为：

$$u_I(t) = R_I(t) - R_i(0) = u_I e^{i\omega t} \tag{2-91}$$

由式（2-89）~式（2-91）可得：

$$-\omega^2 M_I u_{I\alpha} = -\sum_{j,\,\beta} C_{I,\,\alpha;\,J,\,\beta} u_{j\beta} \tag{2-92}$$

于是

$$\det \left| \frac{1}{\sqrt{M_I M_J}} C_{I,\,\alpha;\,J,\,\beta} - \omega^2 \right| = 0 \tag{2-93}$$

在三维空间，原子的位移本征矢可通过布洛赫定理而求得，振动则可根据不同的波矢量 k 来进行分类。这样，声子的振动就可以被约化在第一布里渊区内。对于一个含有 N 个原子的晶胞来说，它是由一个 $3N \times 3N$ 维度的方程的解：

$$\det \left| \frac{1}{\sqrt{M_I M_J}} C_{I,\,\alpha;\,J,\,\beta}(k) - \omega_{iq}^2 \right| = 0 \tag{2-94}$$

低温下，对于有 N 个原胞的体系，对应于每个波矢，则有 3 支声学波和 $(3N-3)$ 支的光学波，这样一个晶格系统就等价于具有各自频率为 ω_i，且互相独立的 3 个声学支和 $3N-3$ 支光学支的线性集合。声学支寓意"听得见"，所有原子作相位相同的振动。在不同波矢 k 点的声子振动就表现出一个色散谱，即声子谱。声子谱是研究材料热力学性质的有力工具，对于一般的三维块体材料，如果声子谱频率全部在 0 点以上，即材料没有出现虚频的情况，那么说明材料就是相对稳定的，因此通常依据声子谱是否出现虚频来判断材料的稳定性。

对方程式（2-94）求解，最直接的方法是通过在优化后的平衡结构中引入原子位移，研究系统能量和作用在原子上的 Hellmann-Feynman 力随着位移的变化所呈现出来的规律，这种方法称为"冷冻声子"。通过有限位移得到力常数矩阵，其表达式如下：

$$C_{I,\,\alpha;\,J,\,\beta}(k) = -\frac{\delta F_{I,\,\alpha}}{\delta R_{J,\,\beta}} \tag{2-95}$$

得到力常数后，借助 Phonopy 软件后续处理就可以得到声子谱[74]。该计算方法简便，不需要额外编写的计算程序，本书内容所涉及的声子谱的计算均是采用"冷冻声子"得到力学常数，利用 Phonopy 软件处理得到。

参 考 文 献

[1] Born M, Oppenheimer J R. On the quantum theory of molecules [J]. Ann. Phys. , 1927, 84：457.

[2] Hartree D R. The wave mechanics of an atom with a non-coulomb central field. I. theory and methods [J]. Proc. Camb. Phil. Soc. , 1928, 24：89-110.

[3] Fock V. Noherungsmethode zur Losung des quantenmechanischen mehrkorper problems [J]. Z. Phys. , 1930, 61：126-148.

[4] 谢稀德，陆栋. 固体能带理论 [M]. 上海：复旦大学出版社，1998.

[5] 肖慎修，等. 密度泛函理论的离散变分法在化学和材料物理中的应用 [M]. 北京：科学出版社，1998.

[6] 李正中. 固体理论 [M]. 北京：高等教育出版社，1985.

[7] Kohn W. Nobel lecture：Electronic structure of matter-wave functions and density functionals

[J]. Rev. Mod. Phys. , 1998, 71: 1253-1266.

[8] Hohenburg P, Kohn W. Inhomogeneous electron gas [J]. Phys. Rev. B, 1964, 136: 864-871.

[9] Kohn W, Sham L J. Self-consistent equations including exchange and correlation effects [J]. Phys. Rev. , 1965, 140: A1133-A1138.

[10] Von Barth U, Hedin L. A local exchange-correlation potential for the spin polarized case [J]. J. Phys. C, 1972, 5: 1629-1642.

[11] Lundqvist B I, Wilkins J W. Contribution to the cohesive energy of simple metals: Spin-dependent effect [J]. Phys. Rev. B, 19174, 10: 1319-1327.

[12] Jones R O, Gunnarsson O. The density functional formalism, its applications and prospects [J]. Rev. Modern Phys. , 1989, 61: 689-746.

[13] Becke A D. Density-functional exchange-energy approximation with correct asymptotic behavior [J]. Phys. Rev. A, 1988, 38: 3098-3100.

[14] Perdew J P, Wang Y. Accurate and simple density functional for the electronic exchange energy: Generalized gradient approximation [J]. Phys. Rev. B, 1986, 33: 8800-8803.

[15] Perdew J P, Wang Y. Accurate and simple analytic representation of the electron-gas correlation energy [J]. Phys. Rev. B, 1992, 45: 13244-13249.

[16] Perdew J P, Wang Y. Application of gradient corrections to density-functional theory for atoms and solid [J]. Phys. Rev. B, 1993, 48: 14944-14952.

[17] Perdew J P, Wang Y, Ernzerhof M. Generalized gradient approximation made simple [J]. Phys. Rev. Lett., 1996, 77: 3865-3868.

[18] Perdew J P, Zunger A. Self-interaction correction to density-functional approximations for many-electron systems [J]. Phys. Rev. B, 1981, 23 (10): 5048.

[19] Bylander D M, Kleinman L. Good semiconductor band gaps with a modified local-density approximation [J]. Phys. Rev. B, 1990, 41 (11): 7868.

[20] V Staroverov V N, Scuseria G E, Tao J, et al. Tests of a ladder of density functionals for bulk solids and surfaces [J]. Phys. Rev. B, 2004, 69 (7): 075102.

[21] Brothers E N, Izmaylov A F, Normand J O, et al. Accurate solid-state band gaps via screened hybrid electronic structure calculations [J]. J. Chem. Phys., 2008, 129 (1): 011102.

[22] Marsman M, Paier J, Stroppa A, et al. Hybrid functionals applied to extended systems [J]. J. Phys. : Condens. Matter, 2008, 20 (6): 064201.

[23] Janesko B G, Henderson T M, Scuseria G E. Screened hybrid density functionals for solid-state chemistry and physics [J]. Phys. Chem. Chem. Phys., 2009, 11 (3): 443-454.

[24] Henderson T M, Paier J, Scuseria G E. Accurate treatment of solids with the HSE screened hybrid [J]. Phys. Status Solidi (b), 2011, 248 (4): 767-774.

[25] Monkhorst H J. Hartree-Fock density of states for extended systems [J]. Phys. Rev. B, 1979, 20 (4): 1504.

[26] Delhalle J, Calais J L. Direct-space analysis of the Hartree-Fock energy bands and density of states for metallic extended systems [J]. Phys. Rev. B, 1987, 35 (18): 9460.

[27] Heyd J, Scuseria G E, Ernzerhof M. Hybrid functionals based on a screened Coulomb potential

[J]. J. Chem. Phys., 2003, 118 (18): 8207-8215.

[28] Krukau A V, Vydrov O A, Izmaylov A F, et al. Influence of the exchange screening parameter on the performance of screened hybrid functionals [J]. J. Chem. Phys., 2006, 125 (22): 224106.

[29] Henderson T M, Izmaylov A F, Scalmani G, et al. Can short-range hybrids describe long-range-dependent properties? [J]. J. Chem. Phys., 2009, 131 (4): 044108.

[30] Vanderbilt D. Soft self-consistent pseudopotentials in a generalized eigenvalue formalism [J]. Phys. Rev. B, 1990, 41: 7892-7895.

[31] Gonze X, Käckell P, Scheffler M. Ghost states for separable, norm-conserving. Iab initioP pseudopotentials [J]. Phys. Rev. B, 1990, 41: 12264-12267.

[32] Laasonen K, Pasquarello A, Car R, et al. Car-Parrinello molecular dynamics with Vanderbilt ultrasoft pseudopotentials [J]. Phys. Rev. B, 1993, 47: 10142-10153.

[33] Lee C, Vanderbilt D, Laasonen K, et al. Ab initio studies on high pressure phases of ice [J]. Phys. Rev. Lett., 1992, 69: 462-465.

[34] Pasquarello A, Laasonen K, Car R, et al. Ab initio molecular dynamics for d-electron systems: Liquid copper at 1500K [J]. Phys. Rev. Lett., 1992, 69: 1982-1985.

[35] Blöchl P. E. Generalized separable potentials for electronic-structure calculations [J]. Phys. Rev. B, 1990, 41: 5414-5416.

[36] Blöchl P E. Projector augmented-wave method [J]. Phys. Rev. B, 1994, 50: 17953-17979.

[37] Kress G, Joubert D. From ultrasoft pseudopotials to the projector augmented wave method [J]. Phys. Rev. B, 1999, 59: 1758-1765.

[38] Hellmann H. Einfuhrung in die Quantumchemie [M]. Berlin: Deutschland, 1937.

[39] Feynman P R. Forces in molecules [J]. Phys. Rev., 1939, 56: 340-343.

[40] Teter M P, Payne M C, Allan D C. Solution of Schrödinger's equation for large systems [J]. Phys. Rev. B, 1989, 40: 12255-12263.

[41] Press W H, Flannery B P, Teukolsky S A, et al. Numerical Recipes, The Art of Scientific Computing [M]. Cambridge: Cambridge University Press, 1992.

[42] Polak E. Computational Methods in Optimization [M]. New York: Academic Press, 1971.

[43] Kresse G, Furthmüller J. Efficient iterative schemes for ab initio total-energy calculations using a plane-wave basis set [J]. Phys. Rev. B, 1996, 54: 11169-11185.

[44] Parlet B N. The Symmetric Eigenvalue Problem [M]. Englewood: Prentice Hall, 1980.

[45] Payne M C, Teter M P, Allan D C, et al. Iterative minimization techniques for ab initio total-energy calculations: Molecular dynamics and conjugate gradients [J]. Rev. Mod. Phys., 1992, 64: 1045-1097.

[46] 赵宇军, 姜明, 曹培林. 从头计算分子动力学物理学进展 [J]. 1998, 18: 47-68.

[47] Car R, Parrinello M. Unified approach for molecular dynamics and density-functional theory [J]. Phys. Rev. Lett., 1985, 55: 2471-2474.

[48] Frenkel D. Simple Molecular Systems at Very High Density [M]. Polian A, Lebouyre P, Boccara N. New York: Plenum, 1989.

［49］ Car R, Parrinello M, Payne M C. Comment on'error cancellation in themolecular dynamics method for total energy calculations ［J］. J. Phys. : Condens. Matter, 1991, 3: 9539-9543.

［50］ Berne Bruce J, et al. Classical and Quantum Dynamics in Condensed Phsae simulations ［M］. Sigapore: World Scientific Publishing, 1998.

［51］ Henkelman G, Uberuaga B, Jonsson H. Progress in Theoretical Chemistry and Physics ［M］. Boston: Kluwar Academic Publishers, 2000.

［52］ Henkelman G, Jónsson H. Improved tangent estimate in the nudged elastic band method for finding minimum energy paths and saddle points ［J］. J. Chem. Phys. , 2000, 113: 9978-9985.

［53］ Henkelman G, Uberuaga B P, Jónsson H. A climbing image nudged elastic band method for finding saddle points and minimum energy paths ［J］. J. Chem. Phys. , 2000, 113: 9901-9904.

［54］ Maragakis P, Andreev S, Brumer Y, et al. Adaptive nudged elastic band approach for transition state calculation ［J］. J. Chem. Phys. , 2002, 117: 4651-4658.

［55］ Mills G, Jónsson H. Quantum and thermal effects in H_2 dissociative adsorption: Evaluation of free energy barriers in multidimensional quantum systems ［J］. Phys. Rev. Lett. , 1994, 72: 1124-1127.

［56］ Henkelman G, Jónsson H. Multiple time scale simulations of metal crystal growth reveal the importance of multiatom surface processes ［J］. Phys. Rev. Lett. , 2003, 90: 116101.

［57］ Windl W, Bunea M M, Stumpf R, et al. First-principles study of boron diffusion in silicon ［J］. Phys. Rev. Lett. , 1999, 22: 4345-4348.

［58］ Wixom R R, Wright A F. Density functional theory investigation of N interstitial migration in GaN ［J］. J. Appl. Phys. , 2006, 100: 12308.

［59］ Stolen S, Bakken E, Mohn C E. Oxygen-deficient perovskites: linking structure, energetics and ion transport ［J］. Phys. Chem. Chem. Phys, 2006, 8: 429-447.

［60］ Mohn C E, Allan N L, Freeman C L, et al. Order in the disordered state: Local structural entities in the fast ion conductors $Ba_2In_2O_5$ ［J］. J. Solid State Chem. , 2005, 178: 346-355.

［61］ Kennedy J, Eberhart R. Particale swarm optimization ［C］//Proceedings of the Neural Networks, 1955 Proceedings, IEEE International Conference, 1955.

［62］ Zhu L, Wang H, Wang Y C, et at. Substitutional alloy of Bi and Te at high pressure ［J］. Phys. Rev. Lett. , 2011, 106: 145501.

［63］ Wang Y C, Liu H Y, Lv J, et al. High pressure partially ionic phase of water ice ［J］. Nature Commun. , 2011, 2: 563.

［65］ Lv J, Wang Y C, Zhu L, et al. Predicted novel high-pressure phases of lithium ［J］. Phys. Rev. Lett. , 2011, 106: 015503.

［66］ Zhu L, Liu H, Pickard C J, et al. Reactions of xenon with iron and nickel are predicted in the Earth's inner core ［J］. Nat. Chem. , 2014, 6 (7): 644-652.

［67］ Miao M S, Wang X, Brgoch J, et al. Anionic chemistry of noble gases: Formation of Mg-NG (NG= Xe, Kr, Ar) compounds under pressure ［J］. J. Am. Chem. Soc. , 2015, 137 (44): 14122-14128.

［68］ Lu S, Wang Y, Liu H, et al. Self-assembled ultrathin nanotubes on diamond (100) surface

[J]. Nat. Commun., 2014, 5 (1): 1-6.

[69] Jensen F. Intruduction to computational chemistry [M]. Wiley, 2007.

[70] 王彦超. CALYPSO 结构预测及应用 [D]. 长春: 吉林大学, 2013.

[71] Steinhardt P J, Nelson D R, Ronchentti M. Bond-orientational order in liquids and glasses [J]. Physical Review B, 1983, 28 (2): 784.

[72] Jensen F. Intruduction to computational chemistry [M]. Wiley, 2007.

[73] Pickard C J, Needs R. Ab initio random structure searching [J]. J. Phys. Condens. Matter, 2011, 23 (15): 053201.

[74] Togo A, Oba F, Tanaka. First-principles calculations of the ferroelastic transi-tion between rutile-type and CaCl$_2$-type SiO$_2$ at high pressures [J]. Phys. Rev. B, 2008, 78 (13): 134106.

3 磷酸二氢钾晶体中氧空位结构与性质

3.1 概　　述

磷酸二氢钾（KH_2PO_4），简称 KDP，是一种具有多种重要性质的多功能晶体材料[1]。因具有良好的压电性质，而被用于声呐或压电转换器的器件上。又因其具有较高的激光损伤阈值和大的非线性光学系数，也是一种非常重要的非线性光学晶体材料，在高能激光和核聚变中均有重要应用。如用于 Nd：YAG 激光器的二、三、四倍频光学器件，大尺寸、高质量 KDP 晶体是被用于核聚变反应器的关键材料。KDP 晶体还具有高的电光系数，在电光调制器件上也有重要应用。另外，由于该晶体中含有氢键，它也是含氢键的铁电体材料家族的典型代表，被广泛用来研究氢键和铁电相变[2-7]。KDP 晶体结构的典型特点是，具有非常强共价键的四面体 PO_4 通过 O—H—O 键和离子键 K 与其他 PO_4 基团形成空间网络结构。同时它也是复合氧化物绝缘体中研究本征缺陷的理想模型[8]。因此研究它不仅具有重要的理论意义，而且还有一定的实际应用价值。

KDP 实际应用中面临的核心问题是：室温下暴露在强紫外线或 X 射线的 KDP 材料在 300~650nm 波长范围内会出现一光吸收带[9-15]，该吸收带给 KDP 晶体材料的性质带来了极大的负面影响。有效认识和解决光吸收的问题，是 KDP 晶体成功应用的关键，因此揭示光吸收原因一直是相关研究人员努力的方向。实验推测引起该吸收带的原因，可能是由晶体在生长过程中产生的点缺陷或强辐照所导致[9-20]。Davis 等人[9]推测 KDP 晶体中的质子输运（proton transport）可能是出现光吸收的诱因。因为高能激光辐射下带间光子很容易被吸收从而产生电子-空穴对，一个质子即占据正常位置的氢离子（H^+）捕获一个电子而变成一个电中性的 H 原子，从而脱离原来的晶格位置而产生一个晶格空位，而靠近空位的氧原子很容易捕获一个空穴从而形成 HPO_4^- 激子。刘长松等人[21,22]运用密度泛函理论的第一性原理从原子层次上系统地研究了间隙 H 原子和 H 空位在不同带电状态下的稳定性和电子结构，并从微观上呈现了 H 缺陷对不同带电态的依赖，首次从原子层次给出了清晰的物理图象，并解释了暴露在强紫外或者 X 射线下的 KDP 性质下降的原因。王坤鹏等人[23]运用第一性原理研究了 KDP 中间隙 O 在各种带电态下的性质，并揭示了由于间隙 O 的存在导致该材料损失阈值的下降。

　　Garces[24] 和 Chirila[25] 等人采用电子顺磁共振技术分别在 KDP 和 DKDP 中观测到了新的空穴俘获中心和电子俘获中心，其中，空穴俘获中心为 $H_2SiO_4^-$，而电子俘获中心可能与氧空位的五种不同的局域结构有关（见图 3-1）。这些新的缺陷中心具有很强的热稳定性，很可能导致光吸收从而对材料性质产生极大的负面影响。氧空位缺陷是否在 KDP 光吸收中扮演着重要角色，需要理论的进一步研究，以帮助人们更好地从根本上认识点缺陷对 KDP 材料性能的影响，从而为解决室温下暴露在强紫外或 X 射线的 KDP 材料中 300~650nm 的光吸收带提供重要的信息。本章介绍了关于 KDP 中氧空位缺陷的一系列研究理论研究结果，包括中性氧空位和各种带电态氧空位性质。

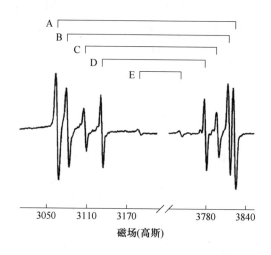

图 3-1　KDP 中用 EPR 谱观测到的五种 PO_3^{2-} 中心[24]

3.2　计 算 方 法

　　本章主要采用基于密度泛函理论的第一性原理的从头计算程序 CASTP[26]，运用超软赝势来描述离子-电子相互作用[27]，结合 GGA-PBE 梯度校正函数处理电子-电子间的交换关联势[28]，晶体的波函数采用平面波展开。体系平面波的能量截断半径（E_{cutoff}）为 680eV 时总能量收敛优于 1mV/原子，在原胞的倒空间 K 方向上按照 Monkhorst- Pack 方案[29] 对 2×2×2、4×4×4 和 5×5×5 网格的测试显示当取 4×4×4 网格时体系的总能量收敛优于 0.1mV/原子[24]。对于缺陷模拟，超单胞选取的越大，缺陷之间的相互作用越小，计算结果越准确，但是由于计算条件的限制，太大的超胞又会导致时间成本的剧增。基于此，按照 $A=a(i+j)$；$B=a(i-j)$；$C=ck$ 的方式构造出一个 64 原子的超单胞如图 3-2 所示。

其中 $a = 0.749527\text{nm}$，$c = 0.695749\text{nm}$[24]。该超单胞的构造形式与 $PbWO_4$ 中氧缺陷[30,31]和 KDP 中氢缺陷[21,22]的理论研究中的超单胞的构造相似。

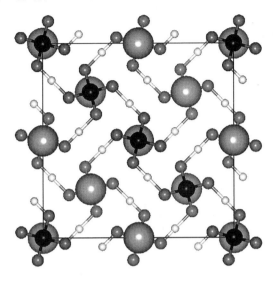

图 3-2 包含 64 原子的超胞结构示意图
(白球、小灰球、大灰球和黑球分别代表 H、O、K 和 P 离子)

在所构造的超单胞中的一个 PO_4 四面体中去掉一个 O 来模拟氧空位，然后运用共轭梯度方案对体系进行包括所有原子和晶格常数在内的完全结构弛豫。各种带电态条件下的计算是在中性氧空位计算结果上进行的。由于体系存在周期性边界条件，因此模拟体系中的缺陷浓度约为 1%，虽然该浓度相对实验值较大，但理论计算结果仍有助于理解氧空位和带电态对 KDP 电子结构性质的影响。在中性系统中加上或去掉一个或两个电子来模拟带电态，为了确保体系总能的收敛[32]，在计算时会有等量相反电荷的背景加至体系上并保证体系的电中性。对于电荷数为奇数的 +1 和 -1 带电态的电子结构计算采取自旋极化方案。

点缺陷氧空位形成能，按照如下公式计算[33]：

$$E_f = E^{N-1} - E^N + u_O$$

式中，E^{N-1} 是含有缺陷体系的总能；E^N 为无缺陷时体系的总能（$N = 64$）；u_O 为氧原子的化学势，可由氧分子的自由焓来求得，即 $u_O = \dfrac{1}{2}HF_{O_2} = -435.57\text{eV}$，而氧原子的自由焓是通过把一个氧分子放到一个 1.07nm 的立方箱子里计算而得到。

3.3 计算结果和讨论

3.3.1 氧空位缺陷的几何结构性质

为了便于描述，氧空位 PO_4 四面体局部结构简图及空位周围原子的标号如图 3-3 所示的标记。表 3-1 中总结了中性、+1、+2 和−1 各种带电态下几何构型的成键信息，如键长、重叠布局。

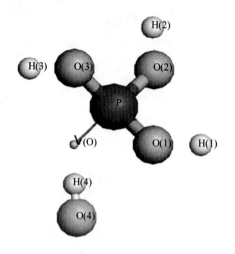

图 3-3　含有氧空位的 PO_4 四面体局部结构简图

（氧空位标记为 V(O)）

表 3-1　各种带电态氧空位的几何弛豫结构参数

参　数		中性态	带　电　态		
		0	−1	+1	+2
键长/nm	P—O(1)	0.1598	0.1579	0.1508	0.1497
	P—O(2)	0.1537	0.1582	0.1499	0.1507
	P—O(3)	0.1604	0.1591	0.1507	0.1479
	O(1)—H(1)	0.1039	0.1057	0.1427	0.1633
	O(2)—H(2)	0.1330	0.1069	0.1442	0.1269
	O(3)—H(3)	0.1049	0.1042	0.1361	0.1536
	O(4)—H(4)	0.1018	0.1015	0.0991	0.1108

参　数		中性态	带　电　态		
		0	−1	+1	+2
重叠布局/e	P—O(1)	0.39	0.44	0.55	0.71
	P—O(2)	0.55	0.44	0.59	0.66
	P—O(3)	0.39	0.41	0.56	0.77
	O(1)—H(1)	0.56	0.53	0.23	0.13
	O(2)—H(2)	0.31	0.53	0.23	0.35
	O(3)—H(3)	0.57	0.55	0.27	0.18
	O(4)—H(4)	0.54	0.55	0.60	0.61

注：对于完美四方相 KDP 晶体，P—O 键长和重叠布局分别为 0.1520nm 和 0.65e。O—H 键长和重叠布局分别为 0.1203nm 和 0.40e。

由表 3-1 可知，中性条件下，P—O(2)键长由完美 KDP 中的 0.1520nm 变为 0.1537nm，而描述成键强度的物理量重叠布局也相应地由 0.65e（e 为一个电荷单位）减为 0.55e，P—O(1)和 P—O(3)键则明显增至 0.160nm 附近，重叠布局减为 0.39e。这一方面说明了氧空位的存在使 P 和周围其他三个 O 的成键强度减弱，另一方面也说明由于氧空位的存在打破了 PO₄ 空间对称性，使得其他三个 O 相对空位的空间位置不同，从而对 P—O 键产生了不同程度的影响。中性 O 空位对 P—O(1)和 P—O(3)影响程度相当且较大，而对 P—O(2)键的影响在三者中最小。对 O—H 键的影响则明显不同于对 P—O 键的影响，O(2)—H(2)则由完美 KDP 中的 0.1203nm 增至 0.1330nm，O(1)—H(1)、O(3)—H(3)和 O(4)—H(4)则由原来的 0.1203nm 减至 0.10nm 附近，这说明 O 空位对近邻 H—O 键的影响也不同，除了 O(2)—H(2)成键强度减弱外其余三个 O—H 键均增强。

为更好理解各种键长变化的原因，空位周围 O 和 P 原子的有效电荷[34]也一并给出见表 3-2。从表 3-2 中可以看出，在中性情况下，近邻氧空位的 P 的有效电荷则由完美 KDP 中的 2.27e 减为 1.34e，表明中性条件下该 P 原子得了近一个电子的电量，空位近邻 O 的荷电量均比完美 KDP 中的减小了。说明氧空位的存在使体系的电荷再分布，导致 P、O 荷电量减小，这和 P—O 成键强度减弱相吻合。

表3-2 氧空位周围相关原子的有效电荷 （e）

电 荷	中性态	带电态		
	0	−1	+1	+2
P	1.34	1.32	1.70	2.19
O(1)	−0.98	−0.99	−1.03	−1.03
O(2)	−1.04	−0.99	−1.03	−1.01
O(3)	−0.96	−0.96	−1.02	−1.07

注：对于完美四方相 KDP 晶体，O 和 P 的有效电荷分别为−1.05e 和 2.27e。

−1 带电态进行自旋极化的计算结果显示：与中性态相比加入一个电子导致 P—O(2) 和 O(2)—H(2) 键长均有明显变化。P—O(2) 键长由中性态的 0.1537nm 增至 0.1582nm，成键强度明显减弱，O(2)—H(2) 键长则有中性态的 0.133nm 减为 0.1069nm，成键强度增强，而对其他键影响较小。值得注意的是，空位附近的三个 P—O 键长变得相当，并且 O(2)—H(2) 键长也和其他三个 O—H 键长相近。−1 带电态下，P、O(1)、O(2) 和 O(3) 的有效电荷和中性情况下相差不大，这说明附加的电子并不是局域在某个原子上，而是占据在空位附近并与空位处的电子进行自旋配对。

对于+1 带电态，在加入一个空穴后，P—O(2) 由中性的 0.1537nm 减为 0.1499nm，而 P—O(1) 和 P—O(3) 则分别由中性的 0.1598nm、0.1604nm 明显减为 0.1508nm、0.1507nm，说明空穴对前者的影响远不如对后两者的影响大。与此同时，O(2)—H(2) 键长相对中性条件的 0.1330nm 增至 0.1442nm，O(1)—H(1) 和 O(3)—H(3) 分别有中性的 0.1309nm、0.1409nm 显著增至 0.1427nm、0.1361nm，而 O(4)—O(4) 键长有稍微减小的变化。这说明附加的空穴较大程度地影响 P 和周围 O 的成键情况，使其成键强度增强，而消弱绝大部分 O—H 键的强度。这和表3-2 中的+1 带电态下 P 和 O 的有效电荷的变化情况相吻合，因为该带电态下氧空位附近的 P 和大部分 O 的荷电量相对中性状态下均有所增加。

+2 带电态状态下，P—O 键长和+1 带电态下相差不大，但 P—O 的重叠布局却有了大幅度的增加，说明两个附加空穴很大程度地影响了 P—O 成键强度。P 的有效电荷也由中性的 1.34e 增至 2.19e 和完美 KDP 中 P 的荷电量 2.27e 相当，这预示着 P 吸收了将近一个空穴的荷电量。

3.3.2 氧空位缺陷的电子结构性质

光学材料的性质和带隙有无杂质态密切相关，因为从多光子吸收激光损失原理角度讲，带隙中有无杂质能级是关键，同时为了更好理解 O 空位是否对光吸收有贡献，需要进一步关于态密度的计算。

图 3-4 所示为完美 KDP 和各种带电态氧空位总的态密度图，其中完美 KDP 的价带顶设为 0eV。由图 3-4（b）~（e）可以看出，虽然在各种带电态下氧空位的总态密度和完美 KDP 晶体的总态密度在轮廓上类似，但是依据带电态的不同，带隙中出现了不同的情况。

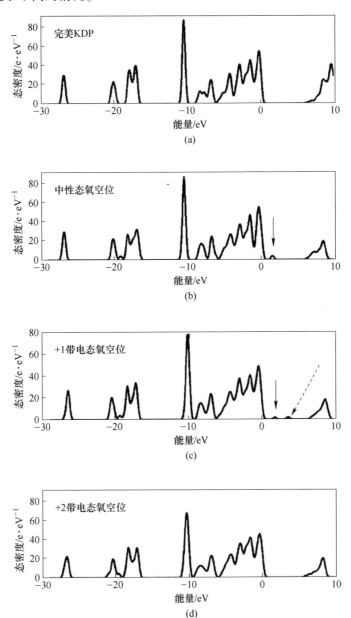

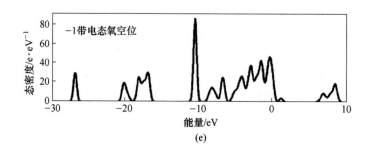

(e)

图 3-4   完美 KDP 和各种带电态氧空位的总态密度

(引入的占据缺陷态用实箭头标出，虚箭头表示引入的未占据态)

（a）完美 KDP；（b）中性氧空位；（c）+1 带电态；（d）+2 带电态；（e）-1 带电态

对于中性氧空位，如图 3-4（b）所示，在费米能级以上约 1.5eV 处引入了最高占据缺陷态（如箭头所示），导致带隙的理论值由 5.9eV 降至 4.0eV。带隙中杂质能级的积分值为 2.0，这说明有两个电子占据在杂质能级上，这和 $\alpha\text{-}Al_2O_3$[35,36] 中性氧空位出现的情况非常类似。关于中性氧空位总态密度的积分值和投影到体系中所有原子的电荷值的分析发现两者在数值上相差 0.98e，这表明将近有一个电子局域在氧空位上。

为了进一步分析中性氧空位的缺陷能级的电子来源，图 3-5 给出了中性氧空位费米能级附近的电子波函数的分布图。从该图中可以看出，最高占据轨道的波函数除了分布在氧空位附近的其他原子周围外，也同样分布在了氧空位上，这也和态密度的积分值与投影在体系中原子上总的电荷数不一致的情况相符合。

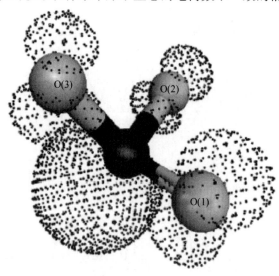

图 3-5   中性氧空位的最高占据轨道的电子波函数示意图

图 3-6 所示为中性氧空位缺陷周围相关原子的分态密度图。从图 3-4（b）和图 3-6 对比不难发现，中性氧空位的缺陷态主要来源于 P 原子的 s、p 轨道和 O(1)、O(2)、O(3) 和 O(4) 原子的 p 轨道电子，以及局域在空位周围的类原子轨道的电子。这种情况和表 3-2 中各原子的有效电荷相一致（如在中性情况下，近邻氧空位的 P 的有效电荷由完美 KDP 中的 2.27e 降至 1.34e），这说明移除一个中性的氧原子导致体系电荷的重新再分布，因此出现了空位附近有电子占据以补偿局部位置的缺电子特性；同时近邻氧空位的 P 得到将近一个电子。这同时也说明电荷密度局域化的再分布使完美 KDP 引入缺陷态。

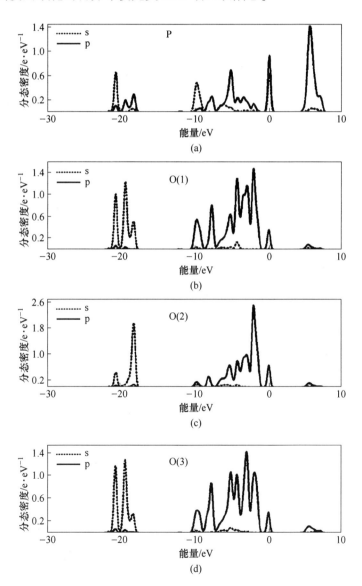

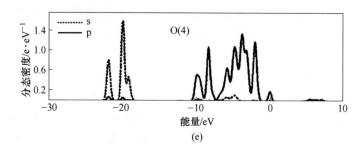

图 3-6 中性氧空位缺陷周围相关原子的分态密度

对于从中性氧空位中移除一个电子的+1 带电态氧空位，其分态密度如图 3-4（c）所示，在 1.5eV 附近出现了最高占据缺陷态（如图 3-4（c）中实箭头所示），该缺陷能级的态密度积分值为 1.0。另外，带隙中同时出现了一个新的未占据的缺陷态（如图 3-4（c）中虚箭头所示），此缺陷态也能容纳一个电子。移除一个电子使占据态的积分值变为 1.0，比中性情况下占据态的积分值 2.0 减少了一个电子单位，同时在带隙中出现了可占据一个电子的空的缺陷态。未占据的缺陷态的位置特别靠近最高占据态的位置，从而导致带隙宽度的明显减小。

为了进一步分析缺陷态的性质，如图 3-7 给出了+1 带电态的自旋密度，由该图可看出，占据的缺陷态是来源于自旋向上的态，而未被占据的缺陷态来源于自旋向下的态。

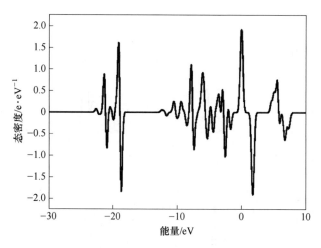

图 3-7 +1 带电态氧空位自旋态密度

+1 带电态氧空位周围相关原子的分态密度如图 3-8 所示，由该图可以看出，+1 带电态氧空位缺陷态的主要来源于空位附近的 P 原子的 s 态和 p 态贡献，以及 O(1)、O(2)和 O(3)原子的 p 态贡献。对于这种系统吸附一个空穴的氧空位情况类似于 Garces 等人[24]用 NMR 谱观测到的五种氧空位中心的情况，因为五种不同 PO_3^{2-} 缺陷中心可认为与空位附近有其他阳离子空位存在（如 H、K 空位）有关。对于氧空位加上近邻的一个氢空位或者钾空位的这种双空位，体系就会多余出一个电子，类似中性氧空位吸附一个空穴的情况。因此+1 带电态氧空位很有可能和实验观测到的 5 种氧空位缺陷有关。

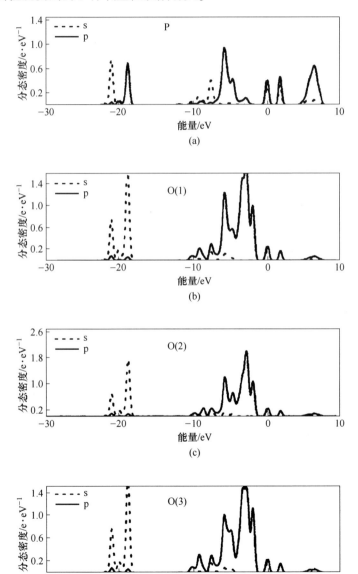

(a)

(b)

(c)

(d)

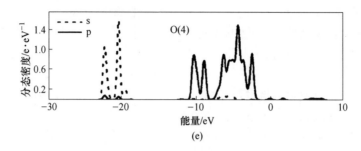

(e)

图 3-8 +1 带电态氧空位缺陷中周围相关原子的分态密度

对于+2 带电态的氧空位来说，带隙中没有出现缺陷态，在+1 带电态中出现的占据和未占据的缺陷态均消失了。可以理解为从体系中移除两个电子正好抵消了中性情况下多余的两个电子，也可理解为系统吸附两个空穴正好中和了中性情况下体系多余的两个电子，因此这种条件下氧空位附近原子的有效电荷尤其是 P原子的有效电荷非常接近完美 KDP 中的情况，并且带隙宽度也接近完美 KDP 的理论值 6.0eV，说明+2 带电态对 KDP 光学性质影响较小。

对于体系吸收一个电子的−1 带电态情况，带隙中出现了缺陷态。但是从图3-9 可以看出体系加入一个电子后费米面并没有出现自旋的情况，附加的电子很可能和中性情况下空穴处的一个电子进行自旋配对。

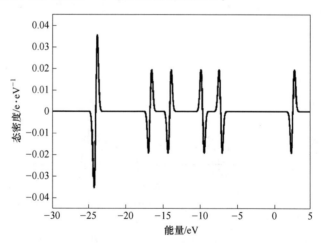

图 3-9 −1 带电态自旋态密度

最后，O 空位的形成能的计算结果显示体系形成一个氧空位需要的能量为5.25eV，比 H 空位的形成能（3.02eV）、H 间隙原子形成能（3.14eV）[22]、O 间隙原子形成能（0.60eV）[23]都高，说明形成这种缺陷比其他缺陷要困难，这可能和破坏强的 P—O 键有关。

3.4 本 章 小 结

第一性原理对 KDP 在中性、阳性和阴性三种条件下 4 种带电态氧空位的几何结构和电子结构性质的计算结果显示：对于中性氧空位来说，空位的存在消弱其他三个 P—O 键的强度；体系少一个氧原子，多余两个电子，其中一个局域在空位上，另一个则分散在空位周围的近邻原子上；O 缺陷在带隙中引入了占有的缺陷态。吸附一个空穴后，空位附近 P—O 键长较中性情况下有所缩短，成键强度增加；空位近邻的其他原子的荷电量较中性时有所增加，带隙中减少了占有的缺陷态，同时产生了新的未占有缺陷态。吸附两个空穴后，P—O 成键强度明显加强，而近邻原子的有效电荷也和完美 KDP 中的相当，带隙中缺陷态消失，这表明两个空穴的引入刚好抵消了中性 O 空位中两个多余电子的影响。加入一个电子后，带隙中出现缺陷态，自旋分析表明附加的电子并不是局域在某个原子上，而是和空位处的电子进行自旋配对。

参 考 文 献

[1] Koechner W. Solid State Laser Engineering [M]. Berlin：Springer Verlag ，1999.

[2] 钟维烈. 铁电物理学 [M]. 北京：科学出版社，1998.

[3] Nelmes R. Structural studies of KDP and the KDP-type transition by neutron and X-ray diffraction：1970-1985 [J]. Ferroelectrics，1987，71（1）：87-123.

[4] Zhang Q, Chen F, Kioussis N, et al. Ab initio study of the electronic and structural properties of the ferroelectric transition in KH_2PO_4 [J]. Phys. Rev. B, 2001, 65：024108.

[5] Koval S, Kohanoff J, Migoni R L, et al. Ferroelectricity and isotope effects in Hydrogen-bonded KDP crystals [J]. Phys. Rev. Lett. , 2002, 89：187602.

[6] Reiter G F, Mayers J, Platzman P. Direct observation of tunneling in KDP using neutron compton scattering [J]. Phys. Rev. Lett. , 2002, 89：135505.

[7] Lin Z H, Wang Z Z, Chen C T, et al. Mechanism of linear and nonlinear optical effects of KDP and urea crystals [J]. J. Chem. Phys. , 2003, 118：2349-2356.

[8] Carr C W, Radousky H B, Demos S G. Wavelength dependence of laser-induced damage：Determining the damage initiation mechanisms [J]. Phys. Rev. Lett. , 2003, 91：127402.

[9] Davis J E, Hughes R S, Lee H W H. Investigation of optically generated transient electronic defects and protonic transport in hydrogen-bond molecular solids. Isomorphs of potassium dihydrogen phosphate [J]. Chem. Phys. Lett. , 1993, 207：540-545.

[10] Marshall C D, Payne S A, Henesian M A, et al. Ultraviolet-induced transient absorption in potassium dihydrogen phosphate and its influence on frency conversion [J]. J. Opt. Soc. Am. B , 1994, 11：774-785.

[11] Demos S G, Yan M, Staggs M, et al. Raman scattering investigation of KH_2PO_4 subsequent to

high fluence laser irradiation [J]. Appl. Phys. Lett. , 1998, 72: 2367-2369.

[12] Ogorodnikov I N, Yakovlev V Y, Shul'gin B V, et al. Transient optical absorption of hole polarons in ADP (NH$_4$PO$_4$) and KDP (KH$_2$PO$_4$) crystals [J]. Phys. Solid State, 2002, 44: 845-852.

[13] Hughes W E, Moulton W G. Electron spin resonmance of irradiated KH$_2$PO$_4$ and KD$_2$PO$_4$ [J]. J. Chem, Phys. , 1963, 39: 1359-1360.

[14] Tsuchida K, Abe R, Naito M. Electron spin resonance of γ-irradiated KH$_2$PO$_4$ [J]. J. Phys. Soc. Jpn. , 1973, 35: 806-809.

[15] Suchida K T, Abe R. Anomaly of ESR line width inγ-irradiated KH$_2$PO$_4$ and KD$_2$PO$_4$ [J]. J. Phys. Soc. Jpn. , 1975, 38: 1687-1690.

[16] McMillan J A, Clemens J M. Paramagnetic and optical studies of radiation damage centers in K(H$_{1-x}$Dx)$_2$PO$_4$ [J]. J. Chem. Phys. , 1978, 68: 3627-3631.

[17] Wells J W, Budzinski E, Box H C. ESR and ENDOR studies of irradiated potassium dihydrogen phosphate [J]. J. Chem. Phys. , 1986, 85: 6340-6346.

[18] Setzler S D, Stevens K T, Halliburton L E, et al. Hydrogen atoms in KH$_2$PO$_4$ crystals [J]. Phys. Rev. B, 1998, 57: 2643-2646.

[19] Stevens K T, Garces N Y, Halliburton L E, et al. Identification of the intrinsic self-trapped hole center in KD$_2$PO$_4$ [J]. Appl. Phys. Lett. , 1999, 75: 1053-1055.

[20] Demos S G, Staggs M, Yan M, et al. Investigation of optical active defect clusters in KH$_2$P$\overset{.}{O}_4$ under laser photoexcitation [J]. J. Appl. Phys. , 1999, 85: 3988-3992.

[21] Liu C S, Kioussis N, Demos S G, et al. Electron-or hole-assisted reaction of H defects in hydrogen-bonded KDP [J]. Phys. Rev. Lett. , 2003, 91: 015505.

[22] Liu C S, Zhang Q, Kioussis N, et al. Electronic structure calculations of intrinsic and extrinsic hydrogen point defects in KH$_2$PO$_4$ [J]. Phys. Rev. B, 2003, 68: 224107.

[23] Wang K P, Fang C S, Zhang J X, et al. First-principles study of interstitial oxygen in potassium dihydrogen phosphate crystals [J]. Phys. Rev. B, 2005, 72: 184105.

[24] Garces N Y, Stevens K T, Halliburton L E, et al. Identification of electron and hole traps in KH$_2$PO$_4$ crystals [J]. J. Appl. Phys. , 2001, 89: 47-52.

[25] Chirila M M, Garces N Y, Halliburton L E, et al. Production and thermal decay of radiation-induced point defects in KD$_2$PO$_4$ [J]. J. Appl. Phys. , 2003, 94: 6456-6462.

[26] Payne M C, Teter M P, Allan D C, et al. Iterative minimization techniques for ab initio total-energy calculations: molecular dynamics and conjugate gradients [J]. Rev. Mod. Phys. , 1992, 64: 1045-1097.

[27] Vanderbilt D. Soft self-consistent pseudopotentials in a generalized eigenvalue formalism [J]. Phys. Rev. B, 1990, 41: 7892-7895.

[28] Perdew J P, Wang Y, Ernzerhof M. Generalized gradient approximation made simple [J]. Phys. Rev. Lett. , 1996, 77: 3865-3868.

[29] Monkhorst H J, Pack J D. Special points for Brillouin-zone integrations [J]. Phys. Rev. B, 1976, 13: 5188-5192.

[30] Lin Q S, Feng X Q, Man Z Y. Computer simulation of intrinsic defects in $PbWO_4$ [J]. Phys. Rev. B, 2005, 63: 134105.

[31] Abraham Y B, Holzwarth N A W, Williams R T, et al. Electronic structure of oxygen-related defects in $PbWO_4$ and $CaWO_4$ crystals [J]. Phys. Rev. B, 2001, 64: 245109.

[32] Jarvis M R, White I D, Godby R W, et al. Supercell technique for total-energy calculations of finite charged and polar systems [J]. Phys. Rev. B, 1997, 56: 14972-14978.

[33] Crocombette J P, Jollet F, Nga L T, et al. Plane-wave pseudopotential study of point defects in uranium dioxide [J]. Phys. Rev. B, 2001, 64: 104107.

[34] Segall M D, Shah R, Pickard C J, et al. Population analysis of plane-wave electronic structure calculations of bulk materials [J]. Phys. Rev. B, 1996, 54: 16317-16320.

[35] Carrasco J, Gomes J R B, Illas F. Thoretical study of bulk and surface oxygen and aluminum vacancies in α-Al_2O_3 [J]. Phys. Rev. B, 2004, 69: 064116.

[36] Matsunaga K. First-principles calculations of intrinsic defects in Al_2O_3 [J]. Phys. Rev. B, 2003, 68: 085110.

4 氧离子导体La₂Mo₂O₉中氧离子排列与协同扩散

4.1 概　述

法国莱曼大学 Philippe Lacorre 研究小组于 2000 年在《Nature》上报道了一种具有高电导率的新颖氧离子导体材料 La$_2$Mo$_2$O$_9$[1]。实验研究发现该材料在580℃会发生一结构相变，同时伴随电导率急剧增加，在800℃时电导率高达0.06S/cm，相当于YSZ在1000℃时的电导率，据此推测该材料具有较好的应用前景。研究表明 La$_2$Mo$_2$O$_9$ 导电机理与其他氧离子导体类似，也是由氧离子通过晶格中的空位扩散实现，但区别在于其他氧离子导体的空位是通过掺杂低价阳离子或电荷补偿或通过高温热激活而引入，而 La$_2$Mo$_2$O$_9$ 离子导体的空位是由于其特殊的晶体结构而本身固有，并且这种内禀的氧空位浓度相当高。因此，关于La$_2$Mo$_2$O$_9$ 氧离子导体材料的研究一度很活跃[1-11]。

4.1.1　氧离子导体 La$_2$Mo$_2$O$_9$ 的结构特点

Lacorre 根据孤对电子 LPS 概念（lone pair substitution conception）[12]推测高温β 相的 La$_2$Mo$_2$O$_9$ 的晶体结构即 β-La$_2$Mo$_2$O$_9$ 属于空间立方结构，具有 P2$_1$3 空间群的空间对称性。且其相结构的特点可借助于β-SnWO$_4$[13]类比来说明（见图4-1），

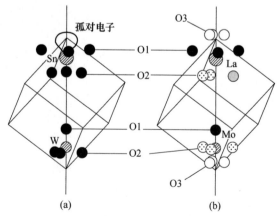

图 4-1　β-SnWO$_4$(a)和 β-La$_2$Mo$_2$O$_9$(b)空间结构对比示意图[2]

两种化合物的晶体结构均具有 P2$_1$3 空间群的对称性。对 Sn^{2+} 而言，其 5s^2 电子是孤对电子，假定用 E 表示之，其占据的空间体积与氧离子 O^{2-} 占据的空间体积相比拟。基于此 SnWO$_4$ 可表示为 SnWO$_4$E，或 Sn$_2$W$_2$O$_8$E$_2$ 的形式。β-La$_2$Mo$_2$O$_9$ 中，La^{3+} 没有孤对电子但其离子半径与 Sn^{2+} 相近，用两个 La^{3+} 替代两个 Sn^{2+} 将产生两个空位，其中一个可被氧离子所占据以保体系的电荷平衡，即 E$_2$→O+V，这里 V 代表空位。Mo^{6+} 与 W^{6+} 同价，两者离子半径相当可直接替换。所以可借助于这种阳离子的替换方案，由 β-SnWO$_4$ 的化学式 Sn$_2$W$_2$O$_8$E$_2$ 变换成 La$_2$Mo$_2$O$_{8+1}$V 的形式，从该化学式可见，在 β-La$_2$Mo$_2$O$_9$ 晶体内部具有本征的氧空位。

4.1.2　La$_2$Mo$_2$O$_9$ 中氧离子（空位）扩散行为

关于氧离子扩散的研究，中国科学院固体物理研究所方前锋小组率先着手准备并实施了一系列实验。采用内耗和介电弛豫实验两种实验手段，对以 La$_2$Mo$_2$O$_9$ 为基的氧离子导体材料开展了系统全面的研究，并观察到了丰富的与氧离子扩散有关的激活现象[3-6]。在内耗-温度谱中观察到两个内耗峰，其中低温峰为一弛豫型内耗峰（见图 4-2），与氧离子经空位的短程扩散有关，而高温峰则为一相变型内耗峰，与氧离子分布的有序-无序转变有关。进一步的分析表明，低温弛豫峰具有精细结构，由 P_1 和 P_2 两个弛豫次峰构成，分别对应于 La$_2$Mo$_2$O$_9$ 晶格内氧离子两种不同的扩散弛豫过程，相应的扩散弛豫参数分别为 $E_1 = 0.9\text{eV}$，$\tau_{01} = 3\times10^{-16}\text{s}$ 和 $E_2 = 1.1\text{eV}$，$\tau_{02} = 2\times10^{-16}\text{s}$。值得注意的是，$P_1$ 峰和 P_2 峰的峰高几乎不随温度变化，这是一种非常反常的现象，偏离了传统点缺陷弛豫理论——峰高正比于 $1/T$ 的特点，表明不能以传统的单离子通过空位扩散机理来解释。

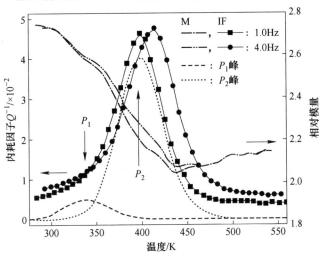

图 4-2　完美 La$_2$Mo$_2$O$_9$ 试样在两个测量频率下的内耗及相对模量随温度的变化曲线[4]

王先平等人[4]对于两个内耗峰的解释是：两个与氧空位扩散有关的弛豫峰的出现，说明在 La₂Mo₂O₉ 新型氧离子导体中，氧离子的扩散至少有两个微观过程。考虑到 O(2) 和 O(3) 位置的高氧空位率，如果只考虑最近邻的跳动，氧离子（氧空位）在下列位置间的跳动将产生一个内耗峰（或介电弛豫峰）：O(1)↔O(2)；O(1)↔O(3)；O(2)↔O(3)。所以，氧离子的长程扩散将通过下列可能途径来实现：O(1)↔O(2)↔O(3)↔O(1)（见图4-3）。

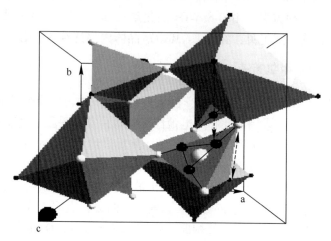

图 4-3 La₂Mo₂O₉ 立方相晶体结构示意图[4]

图 4-3 中给出了 LaO₆ 和 MoO₄ 多面体。大小黑球分别代表 O(3) 和 O(1) 离子，而大小白球分别代表 Mo 和 O(2) 离子。其中，O(2) 和 O(3) 是部分占据的。图中虚线箭头表示的是 O(1) 到 O(2) 和 O(1) 到 O(3) 之间的可能扩散路径[4]。

虽然实验上对 La₂Mo₂O₉ 的研究已经取得了阶段性进展，但关于 La₂Mo₂O₉ 高温相具有 P2₁3 空间群的对称性的推测却没有一个理论上的验证，并且氧离子在晶体学格点上的分布形式、氧离子在多空位体系中的扩散通道、扩散机制需理论的进一步研究，基于此本章围绕 β-La₂Mo₂O₉ 进行第一性原理的计算，以期对该材料有更深一步的认识。

4.2 计 算 方 法

本章在密度范函（DFT）与过渡态理论的框架下，采用 VASP 软件包[14,15]来研究 β-La₂Mo₂O₉ 结构中氧离子的分布和扩散情况。计算中，离子和电子之间的相互作用利用投影缀加波法（projection of augmentation wave，PAW）[16,17]描述，电子与电子间的相互作用采用局域密度近似（local density approximation, LDA）[18]处理，同时运用共轭梯度方法来直接最小化总能量函数。对于价电子的处理，O原子的$2s^2 2p^4$的电子、Mo原子的$4d^5 5s^1$电子和La原子的$5s^2 5p^6 5d^1 6s^2$电子作为价电子。另外，电子波函数用平面波基展开。能量的收敛程度取决于多种参数，其中最重要的是平面波截取能E_{cut}和第一布里渊区k点的取样密度。平面波截断能为650eV和第一布里渊区Monkhorst-Pack[19]的k点网格为$2\times2\times2$时总能量均收敛优于0.1mV/原子。模拟的体系放在一个超单胞中，并对体系采用周期性边界条件的限制来消除边界效应。采取分子动力学的模拟退火和几何优化方案对体系进行结构性质方面的研究。

模拟退火是一种有效地确定物质局域极小结构（本征极小结构）的理论方法[20]，但是该方法和第一性原理结合时的一个弊端是时间成本高，尤其当体系含有过渡金属元素时。因此模拟退火的体系采用包含26个原子的超单胞，为了调和体系小的弊端同时对体系采取不同的初始结构模型，然后进行缓慢的降温过程，最后得到的结构组态将不依赖于初始结构。

对于含26个原子体系的β相结构根据文献［2］中提供的模型来构建图4-4，该结构中O原子的高对称位置有3种，分别用O(1)、O(2)和O(3)表示，每个位置的格点数分别为4、12和12。而根据化学组分结构中存在10个O空位。计算采用三种不同的初始结构模型以A、B和C标记，其中模型A：4个O(1)位置和12个O(2)位置完全占据而12O(3)位置中仅有2个位置被占据，即4O(1)+12O(2)+2O(3)型位置构型；模型B中4个O(1)位置完全占据，而O(2)和O(3)都以58.3%的占有率分别随机地占据图4-4中的12个位置，即位置构型为4O(1)+7O(2)+7O(3)；模型C中O(1)的占有率为50%，O(2)的占有率则为33.3%，O(3)完全占据即2O(1)+4O(2)+12O(3)的位置构型。换言之，在3种模型中至少有两种位置的占有率不同。然后对三种模型分别经20ps升温至1500K，其中步长为2fs，升至最高温度后，在该温度点对三种初始结构模型分别进行20ps、24ps、28ps和32ps的恒温过程，也就是每个初始结构模型在最高温度点均能得到4种不同的结构组态，然后对每种组态以每间隔100K的温度进行缓慢降温恒温阶梯状降温过程直至900K，每个降温和恒温过程均历时20ps，最后对充分平衡的900K的结构迅速冷却至0K，保留β相结构以免发生到α相的转变，同时以消除原子热振动确保得到本征结构[21-23]。模拟退火共得到12个结构组态，按照不同的初始模型分别标记为A_1，A_2，A_3，A_4；B_1，B_2，B_3，B_4；C_1，C_2，C_3，C_4，然后以这些结构组态为初始结构模型，结合NEB（nudged elastic band）[24-27]方法研究氧离子（空位）的扩散性质。

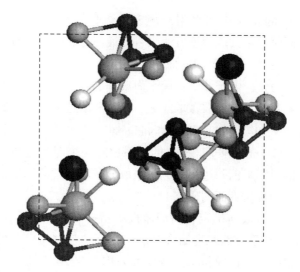

图 4-4 P2$_1$3 空间群提供的三种氧离子位置和阳离子位置示意图

(白球、灰球、黑球、大灰球和大黑球分别代表 O(1)、O(2)、O(3)、Mo 和 La 离子位置)

考虑到 26 个原子体系小所引起的边界条件效应，同时为了确保模拟退火得到的结构组态的可靠性，同时进行扩胞构建一超胞，该超胞包含 104 个原子，其初始组态是从模拟退火至 900K 平衡 20ps 后的组态中随机抽取，然后在 x、y 和 z 方向按照如下方式扩展：

$$A = a\mathbf{i} + a\mathbf{j} \tag{4-1}$$

$$B = a\mathbf{i} - a\mathbf{j} \tag{4-2}$$

$$C = 2a\mathbf{i} \tag{4-3}$$

式中，$a = 0.72014$nm，类似于 PbWO$_4$[28,29] 和 KDP[30-32] 材料中缺陷研究的超胞。然后运用共轭梯度方案对体系进行结构优化。

在模拟计算中，无论是模拟退火还是结构优化均固定阳离子的位置。因为重金属离子的位置能通过衍射实验来准确确定，而对于相对较轻的 O 离子来说，由于其本身热因子较大，在晶体内部存在状态又是动态无序的，确定起来比较困难[2]，因此在计算过程中只让氧离子运动，而固定其他阳离子的位置。

4.3 结果和讨论

4.3.1 动力学性质

为分析降温过程中体系是否存在晶化和定性分析结构中阴阳离子间的距离及 O—O 的距离，体系的均方位移、键长方均根涨落和 900K 时的双体分布函数等相关信息均可反应体系在降温过程中的动力学性质。

众所周知，均方位移是描述原子扩散程度的一个重要参数，液固两相中由于原子所处的环境不同，其均方位移随时间变化也会表现出不同的现象，可以借此来辅助理解相变。均方位移按如下公式计算：

$$\langle \Delta r(t)^2 \rangle = \frac{1}{N} \langle \sum_{i=1}^{N} |r_i(t+t_0) - r_i(t_0)|^2 \rangle \tag{4-4}$$

式中，求和遍及所有运动的原子，对于此处所模拟的体系 r 是氧原子的坐标，t_0 是任意时间原点，$\langle \rangle$ 表示对所有可能的时间原点取平均。可运用 Lindemann 熔化判据[33]来判断体系的相变，该判据是一经验判据同时也是比较常用的判据，可从键长涨落的角度来判断体系的相变情况[34]。其判据可简单表述为：当晶体中粒子围绕理想位置的热振幅大于它周围最近临离子距离的 10% 时表明晶体熔化。可运用该判据的逆过程来判断液-固转变。由该判据而来的键长方均根涨落公式如下：

$$\delta = \frac{1}{18} \sum_{i=1}^{18} \frac{(\langle R_{ij}^2 \rangle - \langle R_{ij} \rangle^2)^{1/2}}{\langle R_{ij} \rangle} \tag{4-5}$$

式中，$\langle \rangle$ 表示对所有氧原子运动轨道求平均；R_{ij} 为原子 i 和它最近临的原子 j 之间距离，在此处模拟的体系中，则表示 O 原子 i 和它最近临的 Mo 原子 j 之间的距离。

图 4-5（a）给出的是 7 种不同温度下氧原子的均方位移与时间的关系，不难发现，随着时间的演化均方位移出现两个分区，陡峭区和平坦区。在温度高于 1300K 时，随模拟时间的增加均方位移呈准线性增加趋势，说明体系的氧原子运动是大幅度迁移的，表现出类液体的性质。当温度小于 1200K 时，随着时间的增加氧原子的均方位移变化不大，呈饱和状态，表明氧原子没有大的迁移运动而是始终在某个位置附近振动，表现出了固体的性质。Mo—O 键长方均根涨落如图 4-5（b）所示，在 1300~1200K 间发生一跃变，涨落从大于 0.1 的位置迅速降至 0.04。说明在 1300~1200K 温度之间体系发生了由类液相到固相的转变。MSD-t 曲线和 Mo—O 键长方均根涨落结果同时说明在降温过程中所模拟的体系存在着液-固相转变，也预示着该体系在降温过程中存在晶化，达到了模拟退火的效果。

双体分布函数 $g(r)$ 是凝聚态物理中一个重要函数，它能反映出原子的近邻信息，各态物质的结构特征均可借助于该量来评价。结合适当的理论和数据处理方法可求其他一些物理量，如配位数等。由于所模拟体系的特殊性，此处仅计算了温度在 900 K 时阳离子和阴离子以及阴离子和阴离子间的偏双体分布函数。其计算公式如下：

$$g_{ij}(r) = \frac{1}{\rho_0 c_i c_j N} \langle \sum_i \sum_{j \neq i} \delta\{r - r_{ij}\} \rangle \tag{4-6}$$

式中，N 为总原子数；c_i，c_j 分别是原子 i 和原子 j 的数密度；r_{ij} 是原子 i 和原子 j 之间的距离；ρ_0 是平均数密度。

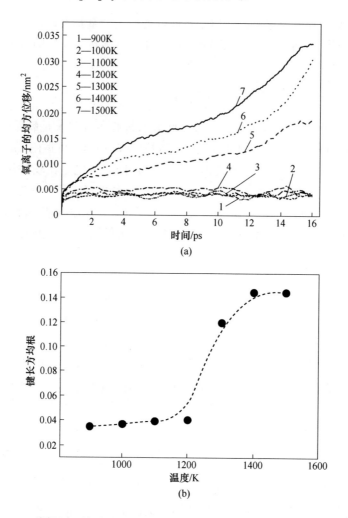

图 4-5 不同温度下氧离子的均方位移与时间的关系(a)和 Mo—O 键长的
方均根涨落与温度的关系(b)

图 4-6 （a）给出了 $g_{Mo-O}(r)$、$g_{La-O}(r)$ 和 $g_{O-O}(r)$ 三种偏双体分布函数，由该图易发现三者分别在 0.178nm、0.237nm 和 0.285nm 位置出现第一个峰，并且三峰的位置和 Lacorre 等人[11]模拟结果相吻合。Mo—O 和 La—O 键长主要集中分布在 0.178nm 和 0.237nm 附近，处于实验测得 0.173～0.183nm 和 0.240～0.292nm 键长范围之内或者附近。$g_{O-O}(r)$ 第一峰值显示 O—O 近邻的平均距离大约在 0.285nm 左右，和衍射实验测得的 0.276nm[7]接近，说明氧离子在扩散时的扩散距离在 0.28nm 左右。

键角分布函数 $g_3(\theta)$ 是一种典型的三体分布函数，众所周知，在晶体中形成一个键角需要三个原子，若以任意一个原子为中心，以半径为 r 做球，那么对应于球面上的任意两原子和球心处的原子则形成夹角,通过该夹角可以定性分析原子间的空间构型。温度为 900K 时,体系的角分布函数如图 4-6(b)所示,3 种键角分布函数的截断半径分别对应图 4-6(a)中对分布函数的第一峰值位置,O—Mo—O,O—La—O 和 O—O—O 三键角的截断半径分别为 0.178nm、0.237nm 和 0.285nm。O—Mo—O 主峰出现在大致 109°附近,次峰出现的位置大致为 163°,说明在 900K 时,体系 O—Mo—O 键角以 109°为主。O—La—O 键角分布函数比 O—Mo—复杂峰值较多,其主峰大约位于 56°,除主峰外,还有另外两个位于 108° 和 148°附近,说明 O—La—O 键角比 O—Mo—O 键角复杂,而 O—O—O 键角分布曲线较为平缓,其主峰大致位于 57°附近。

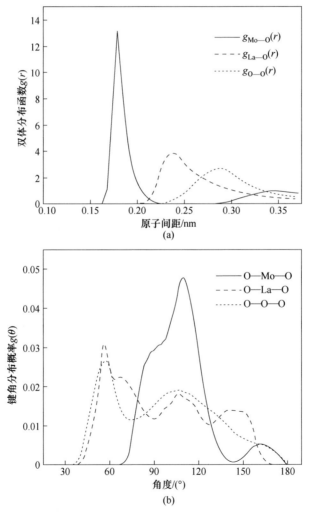

图 4-6　温度 900K 时双体和三体分布概率图

(a)双体分布函数;(b)键角分布函数

4.3.2 结构性质

图 4-7 是由结构优化和模拟退火两种计算方案得到的晶体结构组态示意图。对比两图易发现不同的计算方案得到的所有结构中，Mo 原子被近邻的 4 个或者 5 个 O 原子包围，从而形成即 MoO$_4$ 四面体和 MoO$_5$ 六面体，也就是说结构中 Mo 原子有 4 和 5 两种配位数，并且两种配位数的比率为 1：1。通过对结构中 La 原子近邻分析发现，每个 La 与周围近邻的 8 个氧或 7 个氧原子形成 LaO$_8$ 或者 LaO$_7$ 两种形式的多面体，两者比例为 3：1。需要指出的是由模拟退火得到的所有组态（见图 4-7（b））结构的能量误差在 0.004eV 内。由于这些结构组态来自不同的初始模型，不同的计算方案，说明这些结构组态即可反映 β 相中氧离子在空间的排列方式。

为进一步分析结构中氧原子的位置和 P2$_1$3 空间群所提供的 3 种理想氧位置的关系，对计算得到的所有结构组态中的氧原子进行一个统计分析如图 4-8 所示。统计图 4-8 显示所有的氧原子均分布在 P2$_1$3 空间群提供的三种理想氧位置周围，并且围绕三种位置形成一分布区域，即位置有一定展宽，但它们无一例外的分布到其他位置。并且围绕 O(1) 位置的氧原子相对集中并且密集，围绕 O(2) 位置的氧原子虽比分布在 O(1) 位置附近的氧原子分散，但分布在该位置上的氧原子的数目也较大，而 O(3) 位置附近的氧原子在三者中最少，这和实验推测的 O(3) 有较小的占有率相符，同时也和文献 [2，7，8] 中报道氧的各向异性热学因子由 O(1) 到 O(3) 依次增大相吻合。氧离子导体中的氧的无序性将导致其占据的空间位置并不是严格地分布在空间群提供的晶格位置上，而是围绕其理想晶格位置分布，从而表现为其位置的占据是围绕理想晶格位置的一个展宽区域[35]。这种现象和 Evans 等人[9]实验测得的晶体中三种氧位置特别是 O(3) 具有大的位移参数相符。因此，得到的结构组态可以看作是体系在一个个小局域范围内的 snapshots。

既然所有结构中的氧原子都围绕 P2$_1$3 空间群提供的三种晶格位置来分布，那么这些结构之间是否满足 P2$_1$3 空间群的所有操作呢？为验证所有结构的等价性，可通过 P2$_1$3 空间群的 12 个对称操作（见附录）来建立关系，通过原子间坐标转换发现所有的结构组态之间均可通过 12 个对称操作而互相转换，其转换关系如图 4-9 所示。

从图 4-9 可以看出，无论结构组态来源于不同初始结构模型还是不同的计算方案，它们都可以按照 P2$_1$3 空间群的 12 个对称操作中的相应操作可彼此间互相转换，如结构 A$_1$ 通过操作 $xyz \rightarrow -y+1/2, -z, x+1/2$ 而转变为结构 A$_3$，由操作 $xyz \rightarrow -x+1/2, z+1/2, -y$ 转变为结构 C$_1$，而相应氧原子位置坐标的最大误差沿 x、y 和 z 轴均小于 0.0012nm，最大误差为 0.0014nm。这也充分说明理论计

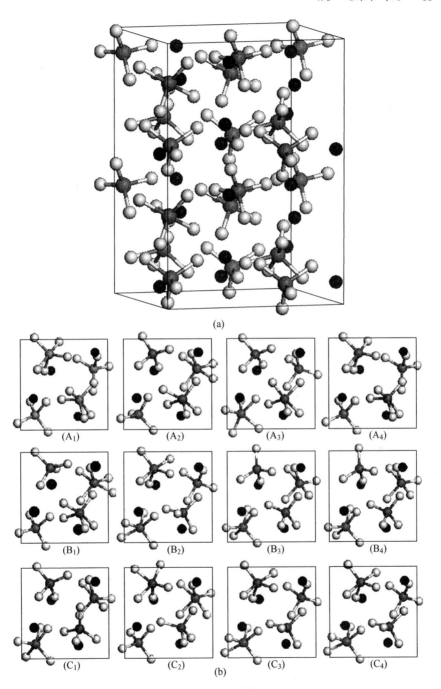

图 4-7 计算得到的结构组态图

(其中 A_1、A_2、A_3、A_4 来源于初始模型 A；B_1、B_2、B_3、B_4 来源于初始模型 B；

C_1、C_2、C_3、C_4 来源于初始模型 C)

(a) 模拟退火的结果；(b) 结构弛豫的结果

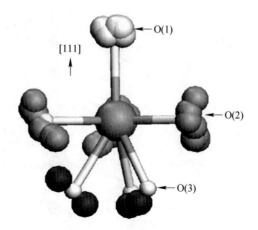

图 4-8 围绕同一个 Mo 周围三种氧位置的统计图

(箭头所指的氧位置为 $P2_13$ 空间群提供的 O(1)、O(2) 和 O(3) 位置；
白球、灰球、黑球分别代表围绕 O(1)、O(2) 和 O(3) 位置分布的 O)

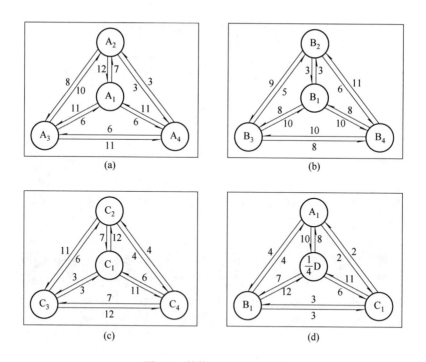

图 4-9 结构组态的关系图

(a)(b)(c) 分别来源初始模型 A、B、C 的结构组态之关系；

(d) 来源不同初始模型和不同计算方案的结构组态之关系，其中 1/4D 表示从 104 原子
超单胞中抽取的一个 26 原子的超单胞

算得到的结构组态具有 P2₁3 空间群的对称性，和实验推测相吻合。因此这些结构组态可看作是 β-La₂Mo₂O₉ 局部结构形式，同时也反映了 β-La₂Mo₂O₉ 的空间结构特征，由于体系存在较多的氧空位导致氧离子的空间排列的多样性。

为了分析组态中氧位置占据情况，把所有结构组态中的氧原子位置和 P2₁3 空间群提供的三种理想氧位置（如图 4-10（a））对比后，并根据最近原则把相应的氧原子分别标记为 O(1)、O(2) 和 O(3)。结果显示，所有结构中共包含 288 个 O 原子，其中 64 个 O 占据在 O(1) 位置附近，176 个占据在 O(2) 位置附近和 48 个占据在 O(3) 位置附近，也就得到了 O(1)、O(2) 和 O(3) 三种位置的占有率分别为 100%、91.7% 和 25%，而实验推测的三种位置的占有率分别为 100%、87% 和 29%[36]。O(1) 的占有率和实验推测的完全相符，理论计算的 O(2) 位置的占有率比实验推测的略大，而 O(3) 位置的占有率相对实验推测的略小。

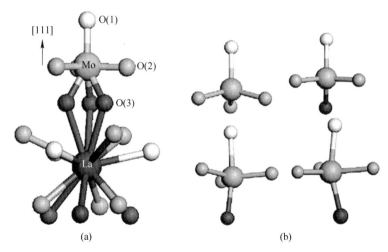

图 4-10　实验推测的阳离子周围氧位置分布[2](a) 和结构组态中两种 MoO 多面体的几何构型(b)
（白球、灰球和黑球分别为 O(1)、O(2) 和 O(3) 位置）

表 4-1 给出的是各种 Mo/LaO 多面体中键长信息，需要指出的是该表中的数据是通过对比 13 个结构组态中相似多面体而得到，其键长最大误差在 0.0003nm 之内。由此表可知，虽然两个 MoO₄ 四面体中 Mo—O(1) 键长均约 0.18nm，但两个多面体中 Mo 周围三种氧位置的占据情况却明显不同。其中一个 Mo 近邻的三个 O(3) 位置均无氧占据，即该 Mo 附近有三个 O(3) 空位；另一个 MoO₄ 四面体中的 Mo 附近不但有 O(3) 空位而且还有一个 O(2) 空位如图 4-10（b）所示。从键长上来看，两个 MoO₄ 四面体在空间的无序程度不同。在两个 MoO₅ 六面体中，Mo—O(1) 键长均在 0.195nm 左右，并且 Mo—O(2) 键长比较分散。Mo—O(1)、Mo—O(2) 和 Mo—O(3) 的平均键长分别为 0.1875nm、0.1809nm 和 0.1829nm，和实验值[2]0.1821nm、0.1761nm 和 0.1766nm 相近。对比 MoO₄ 四面体和 MoO₅

六面体中 Mo—O(1)键长，容易发现两者相差约为 0.015nm，即 Mo—O(1)键长在两种多面体中劈裂为两种键长形式，这和 NMR 实验[8]中观测到的 O(1)有两种分区相吻合。

表 4-1　结构组态中 MoO$_4$、MoO$_5$ 和 LaO$_8$、LaO$_7$ 多面体中 Mo(La)—O 键长

(nm)

组　态	MoO$_4$		MoO$_5$	
Mo—O(1)	0.1809	0.1794	0.1952	0.1943
Mo—O(2)	0.1764	0.1751	0.1813	0.1801
Mo—O(2)	0.1765	0.1779	0.1833	0.1803
Mo—O(3)	0.1766	—	0.1896	0.1931
Mo—O(3)	—	0.1773	0.1829	0.1882
组　态	LaO$_8$		LaO$_7$	
La—O(1)	0.2656	0.2365	0.2556	0.2515
La—O(1)	0.2838	0.2580	0.2616	0.2817
La—O(1)	—	0.2784	0.2880	0.2827
La—O(2)	0.2304	0.2429	0.2305	0.2402
La—O(2)	0.2332	0.2452	0.2384	0.2564
La—O(2)	0.2441	0.2468	0.2460	—
La—O(2)	0.2481	0.2969	0.2774	—
La—O(2)	0.2718	—	0.2654	—
La—O(2)	0.2764	—	—	—
La—O(3)	—	0.2311	—	0.2215
La—O(3)	—	—	—	0.2397

注：同列中的值均对应各种结构组态中相似多面体中的键长，键长误差在 0.0003nm 之内。

　　LaO 多面体比 MoO 多面体复杂，4 个多面体中每个 La 周围三种氧的分布情况均不相同，各个多面体中的 La—O 键长差别也较大，比 MoO 多面体更无序。由于每个 La 周围平均有 15 个理想氧位置如图 4-10（a）所示，对 LaO$_8$ 和 LaO$_7$ 中的 La 来说，每个 La 周围相对统计平均图来说存在 7 或 8 个空位。从缺陷物理的角度来说，空位的存在必然引起周围原子的弛豫从而偏离理想晶格位置，也就出现了图 4-8 所示的氧原子偏离理想晶格位置的情况。La—O(1)第一近邻、La—O(2)第一近邻和第二近邻键长分别为 0.2676nm、0.2413nm 和 0.2775nm，与实验值 0.2711nm、0.2447nm 和 0.2848nm 相近[2]。综合上面的分析，可以说模拟退火用的计算体系虽小，但得到的退火结果是可接受的。

对于无序体系，实验上任意温度下观测的平均结构可解释为不同局域结构在时间和空间上的统计平均[37-40]。不同的局域结构组态对 β-La$_2$Mo$_2$O$_9$ 来说是不同的氧离子排列在晶体学格点上，可认为是势能曲面上一个个分离的能量极小或本征结构。而能量极小或者本征结构不但与统计平均有关，而且对离子在空间的传输非常重要。根据鞍点高度可判断不同局域结构转变时的最佳路径及离子的扩散情况，这将有助于理解力学和介电测量中观察到的弛豫峰。因此有必要进行离子扩散情况的研究。

4.3.3 氧离子（空位）扩散机理

在所研究的 β-La$_2$Mo$_2$O$_9$ 体系中，O(1)是完全占据，而 O(2)和 O(3)是部分占据，那么 O(1) 是否参与扩散？扩散的机制是单离子跳跃形式还是多离子间协作的集体迁移形式？以及扩散时所需的激活能是多少？针对以上问题采用基于过渡态理论的 NEB 方法[24-27]来研究 β-La$_2$Mo$_2$O$_9$ 中氧离子（空位）的扩散情况。

由于结构中存在 O(2)和 O(3)两种位置的空位，经过对计算得到的组态的分析，可推测体系可能存在三种类型的扩散。为了便于描述以下扩散路径，分别用白球、灰球、黑球和小灰球代表 O(1)、O(2)、O(3)和 Mo，方框代表 O(3) 空位，虚圆代表 O(2)空位，箭头的初末位置代表扩散原子的初末位置。

4.3.3.1 发生在 O(2)和 O(3)不同 O 位置之间的扩散

图 4-11（a）所示的扩散是氧围绕同一个 Mo 原子进行的情况，沿着图示方向扩散时需克服的能垒仅为 0.12eV。该扩散过程可描述为一个氧离子在 MoO$_4$ 四面体内部由 O(2)位置运动到 O(3)位置上，同时另外一个 MoO$_4$ 四面体中的一个氧离子由 O(3)运动到该四面体中的一个 O(2)位置上。说明沿该路径扩散时 O(2)和 O(3)极其活跃并以互相协作的方式进行，但是扩散仅仅发生在 MoO 多面体内部而不是在不同多面体之间，氧的扩散距离较短，并没有大幅迁移，据此推断该过程对高电导的贡献不大。在鞍点时运动的 O 离子与它近邻的 Mo 离子键长为 0.173nm，预示扩散过程中没有 Mo—O 键断裂。

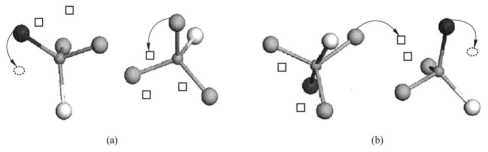

(a)   (b)

图 4-11　扩散发生在 O(2)和 O(3)位置之间

（a）围绕同一个 Mo 进行的扩散示意图；（b）在不同 Mo 之间进行的扩散示意图

图 4-11 (b) 对应的扩散同样是在 O(2) 和 O(3) 两位置之间进行，不同的是该过程牵扯到不同的 MoO 多面体，即氧离子由一个 MoO_5 六面体中的 O(2) 位置扩散到另外一个 MoO_4 四面体中的一个 O(3) 空位上，同时 MoO_4 四面体中内部的一个氧离子由 O(3) 扩散内部调整至 O(2) 空位上。O 在不同的 MoO 多面体间扩散的长度为 0.181nm，在同一个 MoO_4 内部扩散的长度为 0.118nm。扩散处于鞍点时，Mo—O(2) 键长为 0.248nm，而 MoO_4 四面体中的 Mo—O(3) 键长为 0.174nm，说明在该扩散过程中伴有 Mo—O 键断裂，该扩散过程对应的能垒为 0.5eV。

4.3.3.2   扩散发生在同类氧位置之间的扩散

图 4-12 所示扩散路径是氧离子由 MoO_5 六面体中的一个 O(2) 位置扩散至最近临的一个 MoO_4 四面体中的一个 O(2) 空位上，同时原 MoO_4 多面体中的一个氧离子由 O(3) 位置在内部协同扩散至 O(3) 空位上。该过程发生在不同 MoO 多面体中的 O(2) 位置之间，两个扩散距离分别为 0.324nm 和 0.184nm。鞍点时 Mo—O(2) 键长由开始的 0.180nm 变为 0.254nm，而另外 MoO_4 体中的 Mo—O(3) 也有开始的 0.177nm 变为 0.179nm，显示该扩散过程伴有一个 Mo—O(2) 键的断裂。扩散能垒高达 2.03eV，远高于一般氧离子导体的激活能 1.0eV，说明发生该扩散过程难较大，由此推断该扩散对高电导贡献不大。

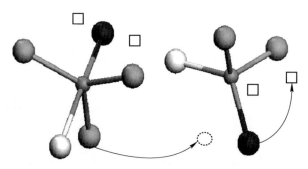

图 4-12   发生在 O(2)—O(2) 和 O(3)—O(3) 之间的扩散示意图

4.3.3.3   三种氧位置的氧同时参与的扩散

以上的计算都是牵扯到 O(2) 和 O(3) 两种位置，O(1) 是完全占据，是否也能参与扩散呢？为此设计了有 O(1) 参与的两种扩散路径如图 4-13 所示。由图 4-13 (a) 可以看出，该扩散过程比无 O(1) 参与的扩散要复杂，包含三个子扩散过程，牵扯到 O(1)、O(2) 和 O(3) 三种离子的集体运动。由于 O(1) 的占有率为 100%，氧离子首先从 O(1) 位置在 MoO_4 四面体内部扩散至 O(2) 空位上，同时近邻的 MoO_5 六面体中的 O(3) 位置上的氧离子及时补充至 O(1) 位置上，而另外

一个 MoO_4 中的 O(2) 在其内部扩散至 O(3) 空位上，需要说明的是虽然图中 O(1) 为同一位置，但初末状态时 O(1) 位置对应不同的氧离子。这种扩散过程中，牵扯到三个 MoO 多面体间的氧离子位置变化。在同一个 MoO_4 四面体内部氧离子由 O(1) 至 O(2) 空位的扩散距离为 0.237nm，MoO_5 六面体中的 O(3) 位至 O(1) 位的扩散距离为 0.273nm，而另外一个 MoO_4 四面体内部由 O(2) 位至 O(3) 空位的扩散距离为 0.108nm。在鞍点时，Mo—O(3) 键长为 0.213nm，其他两个子过程的 Mo—O 键长均约为 0.18nm，这就预示着该过程仅有一个 Mo—O 键断裂。这种过程对应的能垒为 1.24eV。该扩散过程可等效看成是由一个 MoO_5 六面体中的氧离子从 O(3) 位经由 MoO_4 四面体中的 O(1) 位置扩散到该四面体中的 O(2) 空位上，对应的扩散长度为 0.396nm。值得注意的是，能垒 1.24eV 非常接近内耗实验值 0.9eV 和 1.1eV，介电实验值 0.99eV[4] 以及电导测量值 1.2eV[1]。这也说明 O(1)、O(2)、O(3) 三种氧离子协调的集体运动可能是内耗峰和介电弛豫峰出现的原因，O(1) 虽然占据率 100%，但该结果显示它也像 O(2) 和 O(3) 一样参与扩散。

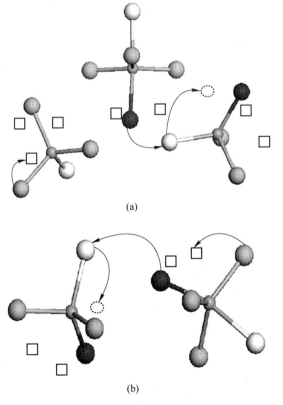

(a)

(b)

图 4-13　扩散发生在 O(1)、O(2) 和 O(3) 位置之间

(a) 牵扯到三个 MoO 多面体的扩散；(b) 牵扯到两个 MoO 多面体的扩散

　　除研究 4-13 (a) 中的扩散情况外, 还有一种三种位置的氧均参与扩散的情况如图 4-13 (b) 所示。其扩散过程可描述为: MoO_4 中的一个氧离子由 O(1) 位扩散至该多面体内部的 O(2) 空位上, 同时近邻的 MoO_5 六面体中的一个氧离子由 O(3) 位置扩散至 O(1) 位置, 另一方面由于 MoO_5 失去一个 O(3), 该多面体中内部一个氧离子由 O(2) 位内部扩散至近邻的一个 O(3) 空位上, 以协调系统的扩散和 O(3) 占有率的不变性。该过程对应的最长扩散距离为 0.288nm, 并伴有 Mo-O 的断裂, 对应的能垒为 2.45eV, 比计算的其他扩散激活能都高, 说明该过程极难发生, 因此对高电导的贡献很小。

　　对于离子或者缺陷的扩散过程, 可以理解为一系列运动事件的共同结果。扩散率 (D) 常用离子跳跃概率 (γ) 和扩散长度 (λ) 的乘积来计算。跳跃概率和运动离子的浓度有关并且和 $-\dfrac{E_b}{T}$ (E_b 激活能) 成指数关系。在此处所研究的几种扩散中, 沿着图 4-11 (b) 和图 4-13 (a) 路径的扩散有可能对高电导有贡献。对应的两种离子扩散事件中, 在图 4-11 (b) E_b 为 0.5eV, 扩散长度 λ 约为 0.2nm; 在图 4-13 (a) 所对应的三种离子扩散事件中, E_b 为 1.24eV, 扩散长度 λ 约为 0.4nm。两扩散过程均牵扯到 O(2) 和 O(3) 的协同运动, 同时也显示两种事件与跳跃离子的浓度无关。由此可见, β-$La_2Mo_2O_9$ 高电导可能与激活能为 0.5eV 和 1.24eV 的两种扩散事件有关。

　　关于扩散的计算结果显示, 所有的扩散事件均是离子的集体运动行为而非单离子行为, 并且 O(1) 也像 O(2) 和 O(3) 一样参与扩散并对 β-$La_2Mo_2O_9$ 高电导有贡献。需要强调的是未发现仅牵扯一个离子的扩散过程, 也就是所有的离子以互相协作的方式参与扩散活动。多离子间的协作扩散行为同样也是热激活过程, 但用常规的单离子跳跃模型却解释不了, 这也有助于理解内耗实验中出现的内耗峰峰高几乎不随温度变化, 以及电导与温度关系遵循 VTF 方程的两种现象。尽管 O(1)、O(2) 和 O(3) 以互相协作的方式完成扩散行为, 但在扩散过程中仅有一个离子在扩散激活能和扩散距离上占主导地位, 换言之, 一个 O 离子从一个 MoO 多面体扩散至另外一个多面体时, 同时辅助于其他氧离子的短程扩散。众所周知, Arrehenius 关系和 VTF 方程是分别描述离子热激活和辅助扩散的两种基本理论模型, 因此可以同时借助于这两种模型来分析 β-$La_2Mo_2O_9$ 结构中氧离子的扩散行为。β-$La_2Mo_2O_9$ 结构中多离子间协作的扩散形式与用发射电子荧光谱实验结合第一性原理计算发现的金属表面多原子准集体的扩散行为[41,42], 以及用 NEB 方法研究发现的 $Ba_2In_2O_5$[37,39] 中氧离子的多离子协作扩散行为相类似。这种扩散类型也将有助于理解其他无序或者多空位体系中离子的扩散行为。

4.3.4 La₂Mo₂O₉ 的电子结构

带结构和电子态密度可直观反映体系的微观信息，图 4-14 所示为高温 β 相的带结构，其带隙宽为 2.27eV，是典型的半导体材料。

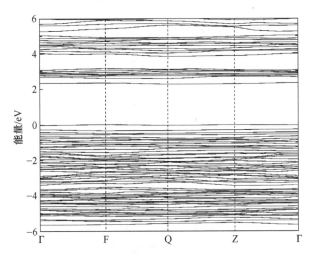

图 4-14 高温相 β-La₂Mo₂O₉ 总态密度和原子态密度图

图 4-15 所示为高温相 β-La₂Mo₂O₉ 结构的电子态密度图，需要指出的是所有态密度的价带顶被设为 0 eV。在如图显示的能量窗口范围内，电子态密度主要集中在−30eV 附近和−18～−12.5eV、−6～0eV 和 2.5～5eV 能量区间内。−30eV 主

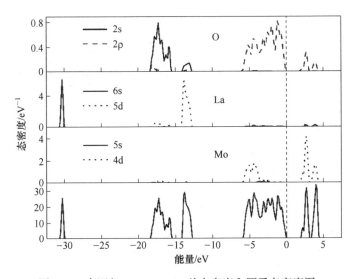

图 4-15 高温相 β-La₂Mo₂O₉ 总态密度和原子态密度图

要来源 La 的 6s 态电子，−18~−12.5eV 主要来源 O 的 2s 和 2p 态电子，−6~0eV 和 2.5~5eV 主要由 O 的 2p 和 Mo 的 4d 态电子。并且 O 的态密度分布比较平缓，其展开区域较大，而 Mo 和 La 的 d 电子局域性均非常强。从图中也可以看出 Mo—O 键以 pd 电子的杂化为主。

4.4 本章小结

运用分子动力学的模拟退火和结构优化方案对 β-La₂Mo₂O₉ 结构中氧的空间排列和扩散行为进行一系列相关理论研究。发现该高温相的晶体结构中，Mo 和近邻的氧形成 MoO₄ 四面体或 MoO₅ 六面体两种多面体，La 有 LaO₈ 和 LaO₇ 两种多面体；所有结构具有 P2₁3 空间群的对称性。三种氧位置 O(1)、O(2) 和 O(3) 的占有率分别为 100%、91.7% 和 25%，和实验推测 100%、87%、29% 相当。Mo—O(1)、Mo—O(2)、Mo—O(3) 三种键长的统计平均值分别为：0.1875nm、0.1809nm、0.1828nm，和实验值 0.1832nm、0.1773nm、0.1734nm 相近。并且 Mo—O(1) 键长劈裂为两种键长形式很好地吻合了 NMR 观测到的 O(1) 位置有两种分区的现象。关于扩散的研究结果表明：O 离子的扩散运动是一种互相协作的集体运动，而非单离子扩散过程，这将有助于我们理解内耗测量中内耗峰峰高不随温度变化以及高温相的 σ-T 满足 VTF 方程的现象，并且 O(1) 像 O(2) 和 O(3) 一样也参与扩散。计算得到的激活能显示，有两种扩散通道可能对高温相的高导电率有贡献：一种是 O(2) 的扩散占主导地位同时辅助于 O(3) 短程距离的扩散；另一种则是 O(3) 的扩散占主导地位，同时伴随着 O(1)、O(2) 较长距离的扩散。

参 考 文 献

[1] Lacorre P, Goutenoire F, Bohnke O, et al. Desiging fast oxide-ion conductors based on La₂Mo₂O₉ [J]. Nature, 2000, 404: 856-858.

[2] Goutenoire F, Isnard O, Retoux R, et al. Crystal structure of La₂MO₂O₉, a new fast oxide-ion condutor [J]. Chem. Mater., 2000, 12: 2575-2580.

[3] Wang X P, Fang Q F. Low frequency internal friction study of oxide-ion conductor La₂Mo₂O₉ [J]. J. Phys. Condens. Matt., 2001, 13: 1641-1651.

[4] Wang X P, Fang Q F. Mechanical and dielectric relaxation study on the mechanism of oxygen ion diffusion in La₂Mo₂O₉ [J]. Phys. Rev. B, 2002, 65: 064304-064309.

[5] Fang Q F, Wang X P, Zhang G G, et al. Damping mechanism in the novel La₂Mo₂O₉-based oxide-ion conductors [J]. J. Alloy & Comp., 2003, 355: 177-182.

[6] Liang F J, Wang X P, Fang Q F, et al. Internal friction studies of La₂₋ₓBaₓMo₂O₉₋δ oxide-ion conductors [J]. Phys. Rev. B, 2006, 74: 014112.

［7］ Corbel G, Laligant Y, Goutenoire F, et al. Effects of partial substitution of Mo^{6+} by Cr^{6+} and W^{6+} on the crystal structure of the fast oxide-ion conductor structural effects of W^{6+} ［J］. Chem. Mater. , 2005, 17: 4678-4684.

［8］ Emery J, Massiot D, Lacorre P, et al. ^{17}O NMR in room temperature phase of $La_2Mo_2O_9$ fast oxide ionic conductor ［J］. Magn. Reson. Chem. , 2005 , 43: 366-371.

［9］ Evans I R, Howard J A K, Evans J S O. The crystal structure of α-$La_2Mo_2O_9$ and the structural origin of the oxide ion migration pathway ［J］. Chem. Mater. , 2005, 17: 4074-4077.

［10］ Georges S, Goutenoire F, Bohnke O, et al. The LAMOX family of fast oxide-ion conductors: Overview and recent results ［J］. J. New Mater. Electrochem. Syst. , 2004, 7: 51-57.

［11］ Lacorre P, Selmi A, Corbel G, et al. On the flexibility of the structural framework of cubic LAMOX compounds, in relationship with their anionic conduction properties ［J］. Inorg. Chem. , 2006 , 45: 627-635.

［12］ Lacorre P. The LPS concept, a new way to look at anionic conductors ［J］. Solid State Sci. , 2000, 2: 755-758.

［13］ Jeitschko W, Sleight A W. Synthesis properties and crystal structure of β-$SnWO_4$ ［J］. Acta. Cryst. B, 1972, 28: 3174-3178.

［14］ Kresse G, Furthmuller J. Efficient iterative schemes for ab initio total-energy calculations using a plane-wave basis set ［J］. Phys. Rev. B, 1996, 54: 11169-11186.

［15］ Kresse G, Furthmuller J. Influence of microstructural disorder on the current transport behavior of varistor ceramics ［J］. Comput. Mater. Sci. , 1996, 6: 15-50.

［16］ Blöchl P E. Projector augmented-wave method ［J］. Phys. Rev. B, 1994, 50: 17953-17979.

［17］ Kress G, Joubert D. From ultrasoft pseudopotials to the projector augmented wave method ［J］. Phys. Rev. B, 1999, 59: 1758-1755.

［18］ Kohn W, Sham L J. Self-Consistent equations including exchange and correlation effects ［J］. Phys. Rev. , 1965, 140: A1133-A1138.

［19］ Monkhorst H J, Pack J D. Special points for Brillouin-zone integrations ［J］. Phys. Rev. B, 1976, 13: 5188-5192.

［20］ Payne M C, Teter M P, Allan D C, et al. Iterative minimization techniques for ab initio total-energy calculations: molecular dynamics and conjugate gradients ［J］. Rev. Mod. Phys. , 1992, 64: 1045-1097.

［21］ Stillinger F H, Weber T A. Hidden structure in liquids ［J］. Phys. Rev. A. 1982, 25: 978-989.

［22］ Liu C S, Zhu Z G, Xia J C, et al. Molecular dynamics simulation of the local inherent structure of liquid silicon at different temperatures ［J］. Phys. Rev. B, 1999, 60: 3194-3199.

［23］ Zhu Z G, Liu C S. Molecular-dynamics simulation of the structure and diffusion properties of liquid silicon ［J］. Phys. Rev. B, 2000, 61: 9322-9326.

［24］ Jósson H, Mills G, Hacobsen K W. Classical and Quantum Dynamics in Condensed Phsae simulations ［M］. Sigapore: World Scientific Publishing, 1998.

［25］ Henkelman G, Uberuaga B, Jonsson H. Progress in Theoretical Chemistry and Physics ［M］. Boston: Kluwar Academic Publishers, 2000.

[26] Henkelman G, Jónsson H. Improved tangent estimate in the nudged elastic band method for finding minimum energy paths and saddle points [J]. J. Chem. Phys. , 2000, 113: 9978-9985.

[27] Henkelman G, Uberuaga B P, Jónsson H. A climbing image nudged elastic band method for finding saddle points and minimum energy paths [J]. J. Chem. Phys. , 2000, 113: 9901-9904.

[28] Abraham Y B, Holzwarth N A W, Williams R T, et al. Electronic structure of oxygen-related defects in $PbWO_4$ and $CaWO_4$ crystals [J]. Phys. Rev. B, 2001, 64: 245109.

[29] Jarvis M R, White I D, Godby R W, et al. Supercell technique for total-energy calculations of finite charged and polar systems [J]. Phys. Rev. B, 1997, 56: 14972-14978.

[30] Liu C S, Kioussis N, Demos S G, et al. Electron-or hole-assisted reaction of H defects in hydrogen-bonded KDP [J]. Phys. Rev. Lett., 2003, 91: 15505.

[31] Liu C S, Zhang Q, Kioussis N, et al. Electronic structure calculations of intrinsic and extrinsic hydrogen point defects in KH_2PO_4 [J]. Phys. Rev. B, 2003, 68: 224107.

[32] Wang K P. Fang C S, Zhang J X, et al. First-principles study of interstitial oxygen in potassium dihydrogen phosphate crystals [J]. Phys. Rev. B, 2005, 72: 184105.

[33] Lindemann A. Über die berechnung molecularer eigenfrequenzen [J]. Phys. Z. , 1910, 11: 609-612.

[34] Sun D Y, Gao X G. Structural properties and glass transition in Al_n clusters [J]. Phys. Rev. B, 1997, 57: 4730-4734.

[35] Muller C, Anne M, Bacmann M. , et al. Structutral studies of the fast oxygen ion conductor BICOVOX. 15 by single-crystal neutron diffraction at room temperature [J]. J. Solid Sate Chem. , 1998, 141: 241-247.

[36] 李正中. 固体理论 [M]. 北京: 高等教育出版社, 1985.

[37] Stolen S, Bakken E, Mohn C E. Oxygen-deficient perovskites: Linking structure, energetics and ion transport [J]. Phys. Chem. Chem. Phys, 2006, 8: 429-447.

[38] Mohn C E, Allan N L, Freeman C L, et al. Order in the disordered state: Local structural entities in the fast ion conductors $Ba_2In_2O_5$ [J]. J. solid state chem. 2005, 178: 346-355.

[39] Mohn C E, Allan N L, Freeman C L, et al. Collective ionic motion in oxide fast-ion-conductors [J]. Phys. Chem. Chem. Phys, 2004, 6: 3052-3055.

[40] Bakken E, Allan N L, Barron T H K, et al. Order-disorder in grossly non-stoichiometric $SrFeO_{2.50}$-a simulation study [J]. Phys. Chem. Chem. Phys, 2003, 5: 2237-2243.

[41] Labayen M, Ramirez C, Schattke W, et al. Quasi-collective motion of nanoscale metal strings in metal surfaces [J]. Nat. Mater. , 2003, 2: 783-787.

[42] Henkelman G, Jónsson H. Multiple time scale simulations of metal crystal growth reveal the importance of multiatom surface processes [J]. Phys. Rev. Lett. , 2003, 90: 116101.

5 氧离子导体La$_2$Mo$_{2-x}$R$_x$O$_9$ (R= Cr、W) 的理论研究

5.1 概　　述

第 4 章对 La$_2$Mo$_2$O$_9$ 结构中氧空位的分布形式、扩散行为进行了相关讨论。自 La$_2$Mo$_2$O$_9$ 被合成后，因其出色的电导率[1]被认为是一种比较理想的电解质，有望应用于固体氧离子器件，如氧传感器、氧燃料电池和氧泵，该材料引起科研界的广泛关注，但是随着研究的深入，发现该化合物在约 580℃ 会发生 β 立方相到 α 单斜相的结构相变，同时伴随着电导率的大幅降低，另外，在低氧气氛中 Mo^{6+} 容易被还原而生成其他物质，这些不利因素又进一步限制了该材料的应用。因此，如何提高该材料的电导率并有效抑制相变也引起了研究界的广泛关注[2-10]。

关于阳离子位的 La 和 Mo 的掺杂或取代的实验研究表明，取代可有效地抑制相变，同时降低相变温度。关于 Cr、W 两元素取代 Mo 的实验研究结果显示，取代对晶体的晶格常数产生显著影响如图 5-1 所示，其影响程度与取代量有密切关系。晶格常数随取 Cr 代量的增加呈直线下降趋势，W 取代时晶格常数呈现先直线增加后直线减小的趋势，转折点发生在晶格中的 Mo∶W 为 1∶1 处，即晶格中 W 在 Mo 位置的总含量为 50%[2]。而关 Cr、W 取代 Mo 相变研究结果表明，Cr 不能有效抑制相变，而 W 的取代则有利于抑制相变[3,5-7]。实验并推测 W 取代所呈现的现象有可能和 W 的离子半径有关，取代浓度低时，由于 W^{6+} 的离子半径大于 Mo^{6+} 的离子半径，晶胞参数增加，但浓度较高时，虽然 W^{6+} 的离子半径大，但是其配位数降低导致了晶格常数的减小[2]。中国科学院固体所王先平研究员关于 W 取代内耗实验没有发现相变峰，反而观测到了两种不同类型的内耗峰（见图 5-2），即低温内耗峰和高温内耗峰[3]。实验结果显示低温内耗峰与氧离子的扩散相关，其激活机理满足 Arrhenus 型激活关系如图 5-2 中温度大于 445℃ 的区域，且激活能随着取代量的增加而增加；当温度高于 445℃ 时，其高温内耗峰激活不再满足 Arrhenus 激活关系，而符合 VTF（Vogel-Tamman-Fulcher）形式，并推断其产生的机理可能由于氧离子在子格中分布的静态无序到动态无序转变所致[3]。当然，La 被 Sm、Gd、Sr 或 Y 等元素取代后，也可降低相变温度，使高温相结构保留到了低温区[7,10]。本章仅讨论 Mo 被不同量的 Cr 和 W 取代的

理论研究，包括取代后的结构特征、取代对扩散行为的影响，目的在于理解多空位体系取代的相关信息，并为其他多空位体系提供有参考价值的信息。

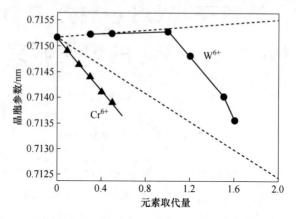

图 5-1 晶格常数与 Cr、W 取代量的关系[2]

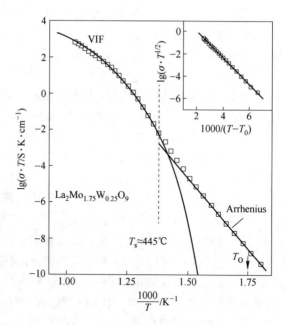

图 5-2 电导率与温度的关系[3]

5.2 计 算 方 法

本章计算是在第 4 章基础上进行，所采用的程序是维也纳大学计算材料组编写的 VASP 程序[11,12]。模拟中采用通过投影缀加平面波方法（projection of augmentation wave，PAW）得到的势函数[13,14]来描述体系离子实与电子之间的相互作用，采用局域密度近似[15]处理电子-电子间的交换关联。其中，O 原子的 $2s^22p^4$ 的电子、Mo 原子的 $4d^55s^1$ 电子和 La 原子的 $5s^25p^65d^16s^2$ 电子作为价电子。电子波函数用平面波基展开。平面波能量截断半径为 650eV，倒空间 K 点网格取为 2×2×2。

超单胞构建要合适，根据周期性边界条件，超单胞选取的越大，计算结构越准确，但受计算条件的限制，所选的体系又不能过大，因此按照 $A = a(i + j)$；$B = a(i - j)$；$C = ai$ 构造一 52 个原子的超胞如图 5-3 所示。在此基础上进行关于 Cr、W 不同取代量的一系列计算。正确的取代位置是保证计算科学性的关键，在每个 $La_2Mo_2O_9$ 的原胞中含有 4 个 Mo，虽然每个 Mo 原子所在的位置在 $P2_13$ 空间群中没有区别，但由于氧空位的存在，导致每个 Mo 周围三种氧位置的占据情况出现明显不同，因此在每个原胞中四个 MoO 多面体就有了一定的区别，即便同为 MoO_4 四面体或者 MoO_5 六面体也有一定程度的差别。因此在进行关键计算之前，首先进行取代位置的测试。首先确定低取代量时优先取代的 Mo 位置，在此基础上确定取代量依次增加时的取代位置，然后对每种取代模型进行共轭梯度的结构优化，计算过程中同样固定阳离子的位置而只弛豫氧离子的位置。以优化后的结构为初始结构模型用 NEB（nudged elastic band）[16-19]方法来研究取代对氧离子扩散行为的影响。

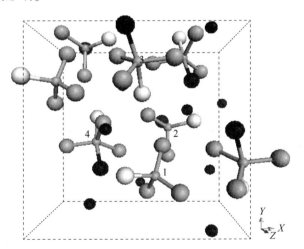

图 5-3　计算所用结构模型（1~4 代表不同的四种 Mo 位）

（白球、灰球、黑球、小灰球、小黑球分别代表 O(1)、O(2)、O(3)、Mo 和 La 原子）

在理论研究含有缺陷的体系时，通常采用过体系的内聚能来判断结构的稳定性，若体系具有较小的内聚能，说明结构相对稳定，反之，则不稳定。在本章的模拟 Cr、W 取代 Mo 的计算中，内聚能的计算公式如下：

$$E = (E_t - N_{La}E_{La} - N_{Mo}E_{Mo} - N_M E_M - N_O E_O)/N \qquad (5\text{-}1)$$

式中，E_t、E_{La}、E_{Mo}、E_M、E_O 分别为体系总能、单个 La、Mo、M（M = Cr，W）和 O 原子的能量；N_{La}、N_{Mo}、N_M、N_O 和 N 分别为体系所含的 La、Mo、M、O 和总原子的数目。

5.3 结果和讨论

La₂Mo₂O₉ 高温相具有 P2₁3 空间群的对称性，在单胞的高对称位置中，Mo、La 和 O(1)具有四重等效位置，四者均占据 4a 位，O(2)和 O(3)分别部分占据在晶格中 12b 高对称位，由于 O(2)和 O(3)两种氧在 12b 位上的占有率分别为 91.7%和 25%，因此，导致 4a 位上的 Mo 具有两种不同的局域近邻，为区别 Mo 的位置，在图 5-3 中作相应标号。表 5-1 给出的是一个单胞中四种不同局域位置中的 Mo 被 Cr 或 W 取代时系统能量的测试结果。同时对不同 Mo 的平均键长、有效电荷和 Mo—O 成键布局也分别列于表 5-1。此表可看出，Cr 取代配位数为 4 的 Mo 位时系统能量比取代配位数为 5 的 Mo 位系统能量要低，说明取代前者比取代后者时系统更稳定，即 Cr 倾向于取代配位数为 4 的 Mo 位置。W 的情况则相反，它则倾向于取代配位数为 5 的 Mo 位置，这和两种元素的离子半径有关，以满足晶体学要求[20]。从表 5-1 所给出的数据可知，配位数是 4 的 Mo 位置与 O 形成 Mo—O 键的平均键长约 0.177nm，对于 Cr⁶⁺来说，配位数为 4 的有效离子半径远小于配位数为 4 的 Mo⁶⁺的有效离子半径，所需空间较小，因此取代配位数是 4 的 Mo 位进入晶格后，引起的晶格畸变也较小，更有利于晶格稳定。所以 Cr 取代时很容易进入配位数为 4 的 Mo 位置从而与周围的四个氧原子成较强的离子键。对于 W⁶⁺离子，其半径大于 Mo⁶⁺的离子半径。从微观角度讲，同样多的价电子的 Mo 与周围 5 个近邻 O 原子的平均相互作用要比与 4 个 O 原子平均作用弱些，这是由电子云的空间杂化所致，因此配位数是 5 的 Mo⁶⁺离子半径比配位数是 4 的大些，而 W⁶⁺更倾向于进入和它离子半径相当的位置，因此 W⁶⁺进入配位数是 5 的 Mo 位引起的晶格畸变要小于，更有利于晶格稳定。从成键强度来考虑，MoO₅ 六面体中 Mo—O 的平均键长为 0.187nm 比 MoO₄ 中的平均键长 0.177nm 略长些，四种位置的 Mo—O 键的成键布局结果显示，配位数为 4 的成键布局分别为 0.828 和 0.808，配位数是 5 的 Mo—O 键的成键布局为 0.69 和 0.692，后者明显小于前者，说明后者成键强度较弱，进入其中需要的能量也相应较小，因此利于离子半径较大的 W 进入该位置而取代 Mo。由此可知，Cr 的离子半径比 Mo 的离子半径小，倾向占据成键强的 Mo 位置，而 W 离子半径较大倾向占据成键较弱的 Mo 位置。在接下来的内容中将分别讨论两种元素取代对体系结构性质的影响以及对稳定高温相的贡献。

表 5-1　原胞中四种不同 Mo 位置配位数 CN（Coordination Number）

位置	CN	$\langle r \rangle$/nm	有效电荷/e	布局	$E(Cr)$/eV	$E(W)$/eV
1	4(1O(1)+3(O2))	0.1776	0.97	0.828	−438.22	−442.87
2	4(1O(1)+2(O2)+1O(3))	0.1774	1.00	0.808	−438.24	−442.86
3	5(1O(1)+3(O2)+1O(3))	0.1866	0.99	0.690	−436.90	−443.21
4	5(1O(1)+2(O2)+1O(3))	0.1872	1.00	0.692	−436.84	−443.18

注：Mo—O 平均键长 $\langle r \rangle$，nm，Mo 原子的有效电荷，e；Mo—O 成键布局和取代后的总能 E，eV。

5.3.1　$La_2Mo_{2-x}R_xO_9$（R=Cr、W）结构性质

5.3.1.1　$La_2Mo_{2-x}Cr_xO_9$（0.25≤x≤0.75）结构性质

实验发现 Cr 的含量超过 25% 时体系出现了杂相，即有部分的 Cr^{6+} 被还原而生成部分的 $LaCrO_3$[2]。由于计算客观条件的限制体系不能选择过大，因此研究的取代量的极限值为 37.5%，高于实验测量值 25%，目的是为了更好地观察一些物理量随取代量的变化趋势，借以来说明 Cr 取代对结构性质的影响。

图 5-4 是取代后晶格参数 a 与取代量的变化关系，从该图中容易看出，随着取代量的增加，其晶格常数由未取代时 0.729nm 减小至 Cr 含量为 25% 时的 0.726nm，并随取代量的增加呈现进一步减小，呈现直线下降趋势，遵循 Vegard 定律[21]。根据 Ishihara 等人报道的实验结果，在氧离子导体中进行掺杂时，掺杂化合物的晶格常数和掺杂的离子半径的大小及掺杂浓度密切相关[22]。由于 Cr 原子半径比 Mo 的原子半径小，两种元素形成等价离子时，Cr^{6+} 离子体积比 Mo^{6+} 离子体积要小，因此出现如图所示的变化规律。需要说明的是，计算用的近似

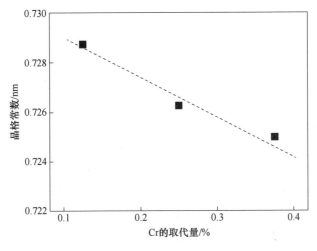

图 5-4　晶格常数与 Cr 取代量的关系

为广义梯度近似，相应的计算结果略大于实验值，这种平衡晶格比实验值大的现象在其他氧离子导体的研究中也被观测到[23]，但需要说明的是其变化趋势和实验观测到现象非常吻合。说明计算结果仍能比较正确的反映微观结构中的一些信息。

Cr 取代使体系体积减小，那么系统微观结构又是如何变化的呢？图 5-5 给出了统计平均键长和取代量的关系。从该图中可以看出，Cr 取代 Mo 导致（Mo，Cr）—O统计平均键长迅速减小，由取代量为 12.5％时的 0.1827nm 降至 37.5％时的 0.1796nm。而对 Mo—O 键长的统计平均显示随取代量的增加键长呈增加趋势，从 0.1832nm 增加到 0.1845nm。Cr 取代 Mo 大大影响了体系中 MoO 的成键情况，使 Mo—O 键长增大，预示着成键强度减弱。虽然 Cr 对 Mo—O 键长影响较大，但是增加的强度远远不能抵消 Cr 对体系的整体键长缩短的影响，因此也就出现了图 5-5 所示的体积随取代量增加而减小的现象。

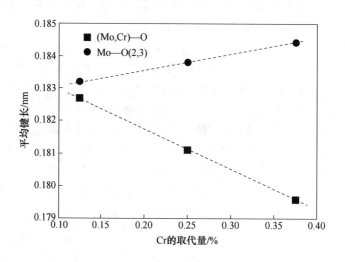

图 5-5 统计平均键长与 Cr 取代量的关系

在缺陷的理论模拟计算中，内聚能分析是一个有效工具，对同一个体系可从能量的变化走向来定性判断一个系统的稳定性，三种取代量下的体系内聚能如图 5-6 所示。由该图可看出，体系的内聚能随取代量的增加而增加，说明取代后的体系稳定性劣于较取代之前结构的稳定性，由此可见 Cr 取代不利于结构的稳定，即不利于抑制高温相变，和实验结果相吻合。

5.3.1.2 La$_2$Mo$_{2-x}$W$_x$O$_9$（0.25≤x≤1.5）结构性质

一般情况下大部分材料的取代或掺杂遵循 Vegard 定律[21]，即体系体积和取代量之间存在一种线性关系类似于 Cr 取代的情况。图 5-7 给出的是不同 W 取代 Mo 时的晶格常数随取代量的关系图。从该图可看出，随着 W 取代量的增加，体

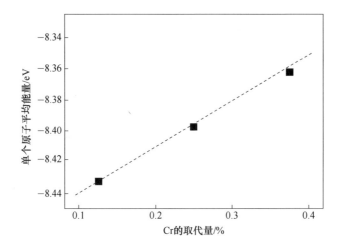

图 5-6　体系内聚能与 Cr 取代量关系

系的晶格常数呈现非线性关系，取代量 50% 是分界点，在小于该值区域内晶格常
数随取代量的增加而呈线性增大趋势，大于该值时，晶格常数却呈反常减小趋
势，这种现象和掺杂 Mn 时表现的情况相类似[24]。计算得到的各种 W 含量下的
平衡晶格常数也略大于实验值，但其变化趋势与 Gorbel 等人[2]实验测得的变化
趋势相吻合。

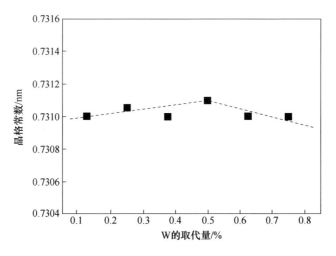

图 5-7　晶格常数与 W 取代量的关系

晶格常数变化的转折点在 W 取代量为 50% 时出现，由前面分析知道，结构
中的 Mo 有 4、5 两种配位数，并且两者的比例为 1：1，结合取代位置测试结果
可知，该取代量刚好对应于体系的晶格中配位数为 5 的 Mo 位被完全取代，这种

现象和实验[2]推测的取代体系的体积减小是由于 W 占主导后，六价阳离子的配位数减小所致相符合。为了进一步分析这种现象的起因，有必要进行微观结构分析。

　　图 5-8 所示为体系中 Mo—O 和 W—O 的统计平均键长随取代量的变化关系。在每个取代量点的 Mo—O 平均键长均小于 W—O 平均键长，这种情况和两者在元素周期表中的位置相符。Mo—O 的平均键长随 W 含量的增加基本上呈减小趋势，说明 W 的取代明显影响了周围 Mo—O 键，使其成键强度增强。而体系中 W—O 键长的统计平均显示，W 取代配位数为 5 的 Mo 位置时统计平均键长随含量增加而增大。W 取代配位数为 4 的 Mo 位置时，不但影响了周围的 Mo—O 键，同时很大程度的影响了周围的 WO$_5$ 多面体，使 WO$_5$ 多面体中的键长普遍缩短，导致体系晶格参数出现了如图 5-7 的反常变化。

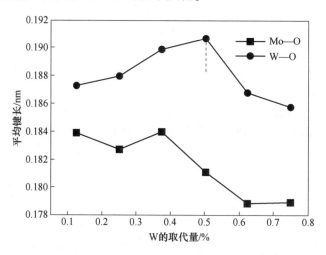

图 5-8　Mo—O 和 W—O 平均键长与 W 取代量的关系

　　图 5-9 所示为体系内聚能与体系中 W 含量的关系。从该图中可以看出，虽然晶格常数随取代量的增加呈现出先增加后减小的趋势，但内聚能却随 W 取代量的增加而呈现出线性减小的趋势，说明取代后的结构比取代前的更稳定。当取代量达到一定程度后，高温相的结构足以稳定到低温区，从而出现了在室温下未发现低温相的现象[2,3]。

5.3.2　La$_2$Mo$_{2-x}$W$_x$O$_9$（$x=0.5$，1.0）中氧扩散性质

　　W 的取代虽然有利用抑制高温相变，但是实验发现随着取代量的增加氧离子通过空位在结构中扩散所需的激活能反而随取代量的增加而增加，为了验证实验及揭示氧离子在空间的微观扩散机制，对 W 取代量为 25% 和 50% 两种情况的氧扩散行为进行初步的计算。为便于描述以下扩散路径，该处用白球、灰球、黑球

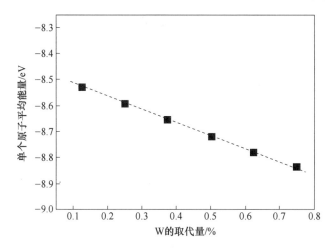

图 5-9 体系能量与 W 取代量的关系

和小灰球分别代表 O(1)、O(2)、O(3) 和 Mo,方框代表 O(3) 空位,虚圆代表
O(2)空位,箭头的初末位置代表扩散原子的初末位置。

图 5-10 是在取代浓度为 25% 和 50% 两种情况下三种位置的氧都参与的扩散
路径简图,需要指出的是图中虽然 O(1) 位置为同一位置,但是扩散初末态分别
被不同的氧离子所占据。该扩散过程和未取代时三种位置的氧都参与的扩散情况
类似,但多了子扩散过程Ⅳ。为了便于分析两种取代量情况下的扩散,对每个子
扩散过程中对应原子的扩散距离和相应的激活能总结见表 5-2。从该表中可以看
出,取代后子扩散过程Ⅰ的对应的扩散距离从未取代时的 0.273nm 显著增加到
0.316nm,而其他子过程相差不大,激活能由 1.24eV 增大到 25% 取代时的
1.48eV 和 50% 取代时的 1.90eV。即对应图 5-10 扩散过程的激活能随取代浓度而
增大,变化趋势和内耗实验[3]测得的相符。

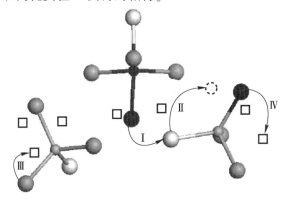

图 5-10 O(1)、O(2) 和 O(3) 都参与的扩散局部示意图
(图中小黑球,取代浓度为 25% 时代表 Mo 原子,取代浓度为 50% 时代表 W 原子)

表 5-2　三种情况沿图 5-8 扩散路径的子扩散长度和激活能

取　代　浓　度		0	25%	50%
扩散长度 /nm	I	0.273	0.316	0.311
	II	0.237	0.235	0.235
	III	0.108	0.103	0.105
	IV	—	0.173	0.171
激活能 E_a/eV		1.24	1.48	1.90

25%W 取代时，在子过程 I 的扩散过程中 Mo—O(3)键长由开始的 0.181nm 拉长至鞍点时的 0.257nm，对应的扩散距离为 0.316nm，说明在该子过程中 Mo—O(3)键断裂；其他三个子过程 II、III、IV 的 Mo—O(1)、Mo—O(2)和 Mo—O(3)键长分别由开始的 0.179nm、0.175nm、0.177nm 变为鞍点时的 0.181nm、0.175nm、0.176nm，说明在这三个子扩散过程中 Mo—O 键均未断裂。

取代量为 50%时，子过程 I 对应的 W—O(3)键长则由开始的 0.187nm 变为鞍点时的 0.286nm，其他三个子过程 II、III、IV 对应键长分别由开始的 0.180nm、0.175nm、0.176nm 变为鞍点时的 0.178nm、0.176nm、0.176nm。除了子过程 I 中 W—O(3)键断裂外，其他键均未断裂。由以上分析可知：两种取代情况中 II、III、IV 三个子过程无论是对应开始的 Mo—O 键长还是在鞍点时都相差很小，子过程 I 对应的 25%W 取代时的 Mo—O(3)和 50%W 取代时 W—O(3)在初态时两者键长相近，而在鞍点时后者比前者约增长了 0.03nm。虽然在两种取代量情况下过程 I 对应原子扩散的直线距离相当，而后者的激活能远高于前者，这说明虽然 W 有利用稳定高温相，但可能因为 W 原子半径比 Mo 的原子半径大而不利于 O 的扩散。

对结构的进一步分析发现除了扩散沿如图 5-10 所示的路径外，还有可能存在如图 5-11 所示的扩散路径，此时 O(1)没有参与扩散，该过程也对应四个子扩散过程，相应扩散距离和激活能见表 5-3。

表 5-3　两种不同 W 含量情况下，沿图 5-11 所示的扩散路径的子扩散长度和激活能

不　同　情　况		25%	50%
扩散长度 /nm	I	0.264	0.267
	II	0.207	0.207
	III	0.103	0.105
	IV	0.123	0.124
激活能 E_a/eV		1.51	1.35

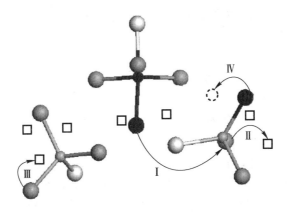

图 5-11 O(2)、O(3)参与的扩散局部示意图

(图中小黑球，取代浓度为 25%时代表 Mo 原子，取代浓度为 50%时代表 W 原子)

由表 5-3 可看出，沿图 5-11 所示的路径扩散时，两种取代情况下相应的扩散距离相当，对应的激活能也相近。现对两种不同取代量情况下的扩散过程逐一说明。

取代浓度为 25%时，子过程 I 对应的 Mo—O(3)键长由开始的 0.181nm 变为鞍点时的 0.246nm，变化较大表明该键断裂。而伴随子扩散过程 II、III、IV 的三个键 Mo—O(2)、Mo—O(2)和 Mo—O(3)则分别由开始的 0.1738nm、0.1750nm、0.1760nm 变为鞍点时的 0.1778nm、0.1746nm、0.1735nm，三键变化较小说明没有键断裂现象发生。沿该路径扩散时的激活能为 1.51eV 和有 O(1)参与的如图 5-10 所示的扩散激活能 1.48eV 相近，说明沿着这两种路径的扩散的概率相当，但扩散倾向于沿着有 O(1)参与的扩散路径进行。

取代量为 50%时，子过程 I 对应的 W—O(3)键长由开始的 0.1867nm 拉长至鞍点时的 0.2420nm，而其他三个子过程 II、III、IV 则分别由开始的 0.1739nm、0.1751nm、0.1759nm 变为鞍点的 0.1796nm、0.1762nm、0.1736nm，整个扩散过程伴有键断裂的现象。此过程对应的最大激活能为 1.35eV，小于有 O(1)参与的扩散沿着图 5-10 所示的激活能 1.90eV，说明在 W 取代量为 50%时，扩散倾向于沿着没有 O(1)参与的路径，即如图 5-11 所示的扩散路径进行。

W 取代的扩散事件表明，氧离子的扩散和未被取代时的扩散行为类似亦是多离子间互相协作的集体扩散行为，并且所牵扯的原子数更多扩散更复杂。从研究的扩散激活能可知，在 W 含量较小时，扩散倾向于沿有 O(1)参与的路径进行，O(1)的扩散活性较大，当 W 达到 50%时，扩散则倾向于在 O(2)和 O(3)两种位置之间进行，O(1)参与扩散的概率减小。说明随 W 取代量的增加，不利于有 O(1)参与的扩散发生。

值得指出的是，由于 W 倾向于占据配位数为 5 的 Mo 位置，故 50%取代时对应两种扩散过程的末态均为亚稳态，很快会有其他原子跳到 WO_4 周围的空位上，以保证 W 的配位数是 5。

5.4　本 章 小 结

运用第一性原理对研究 $β-La_2Mo_2O_9$ 中 Mo 被不同量的 Cr、W 取代的计算结果显示：Cr、W 取代 Mo 时，两者倾向取代配位数不同的 Mo 位置。随 Cr、W 取代量的增加，体系晶格常数呈现不同的变化趋势。Cr 取代晶格常数呈单调减小趋势；而 W 取代时，在 Mo：W 为 1：1 时发生变化，小于该值时呈增加趋势，大于该值时则呈减小趋势。取代后能量分析表明 Cr 不利于稳定高温相，W 有利于稳定高温相。W 取代的扩散激活能显示随取代量的增加，O(1)参与扩散的概率减小。

参 考 文 献

[1] Lacorre P, Goutenoire F, Bohnke O, et al. Desiging fast oxide-ion conductors based on $La_2Mo_2O_9$ [J]. Nature, 2000, 404: 856-858.

[2] Corbel G, Laligant Y, Goutenoire F, et al. Effects of partial substitution of Mo^{6+} by Cr^{6+} and W^{6+} on the crystal structure of the fast oxide-ion conductor structural effects of W^{6+} [J]. Chem. Mater. , 2005, 17: 4678-4684.

[3] Wang X P, Fang Q F. Phase transition process in oxide-ion conductor $β-La_2Mo_{2-x}W_xO_9$ assessed by internal friction method [J]. Appl. Phys. Lett. , 2006, 89: 021904.

[4] Goutenoire F, Isnard O, Suard E, et al. Structural and transport characteristics of the LAMOX family of fast oxide-ion conductors. based on lanthanum molybdenum oxide $La_2Mo_2O_9$ [J]. J. Mater. Chem. , 2001, 119: 119-124.

[5] Collado J A, Aranda M A G, Cabeza A, et al. Synthesis, structures, and thermal expansion of the $La_2W_{2-x}Mo_xO_9$ series [J]. J. Solid State Chem., 2002, 167: 80-85.

[6] Georges S, Goutenoire F, Laligant Y, et al. $La_{2-x}R_xMo_{2-y}W_yO_9$ (R=Nd, Gd) [J]. J. Mater. Chem. , 2003, 13: 2317-2321.

[7] Yang J H, Gu Z H, Wen, Z Y, et al. Preparation and characterization of solid electrolytes $La_{2-x}A_xMo_{2-y}W_yO_9$ (A=Sm, Bi) [J]. Solid State Ionics, 2005, 176: 523-530.

[8] Lopez D M, Vazquez J C, Zhou W Z, et al. Structural studies on W^{6+} and Nd^{3+} substituted $La_2Mo_2O_9$ materials [J]. J. Solid State Chem. , 2006, 179: 278-288.

[9] Georges S, Bohnke O, Goutenoire F, et al. Effects of tungsten substitution on the transport properties and mechanism of fast-oxide-ion conduction in $La_2Mo_2O_9$ [J]. Solid State Ionics, 2006, 177: 1715-1720.

[10] Georges S, Goutenoire F, Altorfer F, et al. Thermal structural and transport properties of the fast oxide-ion reducibility of fast oxide-ion conductors $La_{2-x}R_xMo_2O_9$ (R=Nd, Gd, Y) [J]. Solid

State Ionics, 2003, 161：231-241.

[11] Kresse G, Furthmuller J. Efficient iterative schemes for ab initio total-energy calculations using a plane-wave basis set [J]. Phys. Rev. B, 1996, 54：11169-11186.

[12] Kresse G, Furthmuller J. Influence of microstructural disorder on the current transport behavior of varistor ceramics [J]. Comput. Mater. Sci. , 1996, 6：15-50.

[13] Blöchl P E. Projector augmented-wave method [J]. Phys. Rev. B, 1994, 50：17953-17979.

[14] Kress G, Joubert D. From ultrasoft pseudopotials to the projector augmented wave method [J]. Phys. Rev. B, 1999, 59：1758-1765.

[15] Kohn W, Sham L J. Self-consistent equations including exchange and correlation effects [J]. Phys. Rev. , 1965, 140：A1133-A1138.

[16] Jósson H, Mills G, Hacobsen K W. Classical and quantum dynamics in condensed phsae simulations [J]. Sigapore：World Scientific Publishing, 1998.

[17] Henkelman G, Uberuaga B, Jonsson H. Progress in Theoretical Chemistry and Physics [M]. Boston：Kluwar Academic Publishers, 2000.

[18] Henkelman G, Jónsson H. Improved tangent estimate in the nudged elastic band method for finding minimum energy paths and saddle points [J]. J. Chem. Phys. , 2000, 113：9978-9985.

[19] Henkelman G, Uberuaga B P, Jónsson H. A climbing image nudged elastic band method for finding saddle points and minimum energy paths [J]. J. Chem. Phys. , 2000, 113：9901-9904.

[20] Shannon R D. Revised effective ionic radii and systematic studies of interatomic distances in halides and chalogenides [J]. Acta. Cryst. A, 1976, 32：751-767.

[21] Denton A R, Ashcroft N W. Vegard's law [J]. Phys. Rev. A, 1991, 43 (6)：3161.

[22] Ishihara T, Matsuda H, Takita Y. Effects of rare earth cations doped for La site on the oxide ionc conductivity of LaGaO-based perovskite type oxide [J]. Solid State Ionics, 1995, 79：147-151.

[23] 钟国华. 掺杂对功能材料性质的影响 [D]. 合肥：中国科学院固体物理研究所, 2007.

[24] Zhu B, Yang X T, Xu J, et al. Innovative low temperature SOFCs and advanced materials [J]. J. Power Sources. , 2003, 118：47-53.

6 XeO₃晶体中的惰性气体键与结构相变

6.1 概　述

　　化学键是分子内相邻的原子或者离子间强相互作用的统称，其中离子键、金属键和共价键在化学物质形成过程中起关键作用的三种典型的主要化学键，且属于强化学键。除这三种强化学键外，自然界中还有普遍存在于分子间的弱相互作用，一般来讲该弱相互作用有范德华力和类氢键即非共价键（non-covalent bonding）。范德华力一般指分子间作用力即存在于中性分子或原子之间的一种弱碱性的电性吸引力，它远弱于化学键，并极大程度地依赖分子间距、分子极性大小和分子的质量。非共价键型相互作用是原子间作用力，靠电荷间的吸引相互作用，其典型代表为氢键[1-3]（H-bond）。它是一种分子间或大分子内的原子间的特殊相互作用，并在化学、生物和新材料设计等领域均具有重要的应用[4]。其成键机制为氢和电负性强的原子 A 形成极性很强的 A—H 键，当另一个分子中含有电负性强，原子半径较小且有孤对电子的 B 原子时，则 A—H 键上的 H 和 B 原子的孤对电子便相互吸引，从而形成氢键，可表示为 A—H⋯B，其中 A 和 B 可为同种原子也可为非同种原子。实验表明在冰、HBr 和某些生物大分子等材料中均存在大量的氢键。随着对非共价键型分子间相关作用研究的进一步深入，一系列新型的分子间相互作用类氢键相继被发现和证实，即卤键[5-7]、硫键[8,9]和磷键[10,11]。因此，可形成分子间相互作用力的元素分别是位于元素周期表中的ⅠA族（H）、ⅤA族（P 和 As）、ⅥA族（S、Se 和 Te）和ⅦA族（Cl、Br 和I）中的部分元素。但这种非共价键对于 0 族元素，即惰性气体（Nobel gas）元素研究比较稀缺。该族元素因其最外层电子结构为满壳层结构，化学性质不活泼而著称。

　　对于惰性气体元素研究最多的是氙元素，因为相关研究表明，同地球具有相似岩石物质的陨星相比，地球大气中的氙气的含量非常少且有消失迹象，大气中约 90% 的 Xe 元素神秘失踪，称为氙消失之谜。近年来，围绕 Xe 的一系列研究结果显示惰性元素氙远比人们想象的活跃，颠覆了人们对它的固有认识。早期研究表明氙元素仅与强氧化剂 F 或者 O 形成弱共价键，如 XeF$_n$（n = 2、4 和6）[12-14]，XeO$_n$（n=3 和4）[15,16]，或 Xe[PtF₆][17]，在该类化合物中 Xe 与氧化剂共用 5p 电子从而显示出正电性。关于二元氙氧化合物的研究始于 1963

年[15,16]，实验证实 XeO_3 和 XeO_4 可存在于静置环境下，但它们不稳定，并在温度分别高于20℃和-40℃时发生分解。最近一系列新的氧化物也相继合成[18-22]，其中一种新的氙氧化合物 XeO_2 被合成，并以一种亚稳态结晶相的形态存在[18]。关于氙氧化合物高压的理论研究结果表明，Xe_3O_2 可稳定存在于75GPa以上，三氧化氙（XeO_3）在压强高于114GPa时以 $P4_2/mnm$ 的空间对称性存在，而高于200GPa时发生由 $P4_2/mnm$ 相到 $Pmmn$ 相的转变[19]。研究结果同时显示，压强可极大程度影响由 Xe 原子转移到氧原子的电子数，压强增加转移的电子数增加，从而使 Xe 原子呈现不同的氧化态。现有的研究表明惰性气体 Xe 元素不但与强氧化剂反应，亦可与其他金属或非金属形成稳定的化合物。截至目前，各种含有稀有气体的化合物已被合成或发现[18-22]。理论研究表明，高压下 Xe 可被铁或镍氧化[23]，电子将从 Xe 原子的5p轨道转移到 Fe 原子或 Ni 原子的3d轨道，从而形成 $XeFe_3$ 或 $XeNi_3$ 型化合物。而关于 Mg-Xe（Kr，Ar）的研究结果显示，在高压下电子可由 Mg 的3s轨道转移到惰性元素的5d轨道，从而形成具有金属相的 $Mg_nXe(Kr，Ar)$ 型化合物[24]。所有这些研究表明0族惰性气体元素具有丰富的化学性质，并可像元素周期表中的其他元素一样在化学反应中扮演着多种角色，即惰性气体元素可形成共价键、离子键和金属键[18-22]。

随着对惰性气体元素的认识进一步加深，一种新的观点随之被提出，即惰性气体元素也可形成类似于氢键的非共价键即惰性气体键。Frontera 等人[25]对三氧化氙分子的静电势能面进行了研究，发现在 Xe^{6+} 的孤对电子位置上存在一个意想不到的正的电势位即 σ 穴。从而猜测惰性气体也可形成类氢键，即惰性气体键，惰性气体原子是亲电子的，发挥着电子受体的作用。后来，Schrobilgen 和他的同事通过低温单晶 X 射线衍射研究了三氧化氙的固态结构，发现三氧化氙依据结晶条件不同可呈现出三种不同的空间排列形式[26]。并据此推断不同的空间排列来源于三氧化氙的供体-受体特性。关于三氧化氙和 CH_3CN、CH_3CH_2CN 相互作用的进一步研究表明，N 的孤对电子与 Xe 的 σ 穴相互作用可形成三氧化氙烷基丁腈加合物[27]。

本章以 XeO_3 分子晶体为例，进一步证实非共价键型分子间相互作用——惰性气体键的存在，为稀有气体元素具有亲电子特性提供坚实的有力证据。众所周知，含氢键的晶体在压力作用下，会呈现出奇特的现象，比如共价键的键长随压强增加而被拉长，其相应的拉伸振动模式随之出现红移。若 XeO_3 分子晶体中存在这种非共价键相互作用，压强则会强烈影响 Xe—O 共价键的键长及其拉伸振动频率。此外，在含有氢键的体系中，由压强诱发的氢键对称或 H-hopping 也是较为常见的现象。本章工作运用第一性原理的计算逐一验证并澄清在 XeO_3 分子晶体中是否存在上述现象。

6.2 计 算 方 法

本章在密度范函（DFT）理论的框架下，采用 VASP 软件包[28]来研究 XeO₃ 分子晶体对压强的响应。Xe 原子的 $5s^2 5p^6$ 电子和 O 原子的 $2s^2 2p^4$ 作为价电子。波函数采用平面波基来描述，利用投影缀加波法（Projection of Augmentation Wave，PAW)[29,30]描述离子和电子之间的相互作用，同时采用广义梯度近似（PBE-GGA)[31]的交换关联处理电子与电子间的相互作用。电子波函数在平面波基上被扩展，截断能量为 1000eV。采用 Monkhorst-Pack[32]方案在 0.003nm⁻¹ 范围内进行 k 点网格采样。采用共轭梯度法在倒空间进行结构弛豫，直到焓计算结果收敛于 0.001meV/原子。计算是由包含 4 个 XeO₃ 分子构成的晶胞作为初始结构模型，其空间结构具有 $P2_1 2_1 2_1$ 空间群的对称性，同时计算过程中考虑周期性边界条件。为了获取全局最小值，计算过程中取消结构的空间对称性约束。压强在 0~50GPa 区间内进行取点，并根据需要设置不同的取点间隔，在 0~50GPa 压强区间分析键长变化时取点间隔为 5GPa，在 0~7GPa 压强区间计算分析两相焓值和其组分时取点间隔为 1GPa，而为进一步分析相变机理时在 0~4GPa 的压强区间计算时取点间隔为 0.5GPa。在所计算的压强范围内同时进行了加压和减压的双循环计算。高压相结构是在加压过程中追踪低压相中一个氧原子在空间不同空间位置间跳跃而得到。

6.3 结果和讨论

6.3.1 结构性质与热力学稳定性

图 6-1 是低压相和高压相的结构示意图，两相的结构信息见表 6-1。静置环境下，三氧化氙是一种具有 $P2_1 2_1 2_1$ 空间群的无色晶体[15]，其实验结构如图 6-1（a）和（b）所示。低压相中，每个单胞中包含四个 XeO₃ 分子。朱强等人[33]利用自动结构搜索和 DFT 结构预测方法，在压强高于 198GPa 时得到了稳定的三氧化氙晶体相。虽然 DFT 计算表明三氧化氙在低压下不稳定，但该化合物于 1963 年真实被合成，其晶体结构并被详细报道[15]。

由图 6-1（a）和（b）可知，易发现低压相中，每个氙原子和三个氧原子形成具有金字塔状的三角锥形分子结构，其中 Xe 原子位于金字塔的顶点，三个氧原子组成了三角金字塔的底。该结构中每个 Xe 原子周围有三种不同的近邻氧位置，为方便表述三种位置的氧原子分别标记为 O₁、O₂ 和 O₃。相应的结构参数，如平衡晶格参数、键长和键角见表 6-2。低压 $P2_1 2_1 2_1$ 相的理论计算晶格参数 a 为

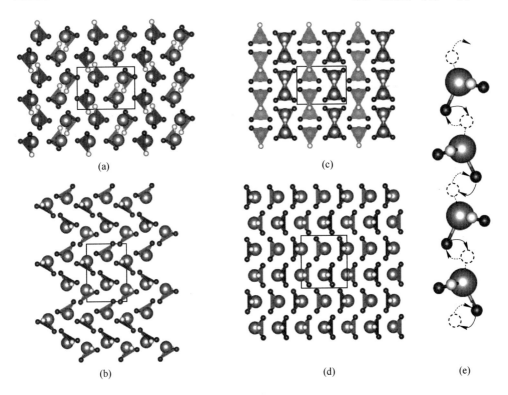

图 6-1　相结构及相变示意图

（大球代表 Xe 原子，O_1、O_2 和 O_3 分别对应图中白色、灰色和黑色小球）

（a）（b）三氧化氙低压相结构；（c）（d）高压相结构；（e）两相转变示意图

表 6-1　低压相和高压相结构信息（x，y 和 z 为分数坐标）

空间群	原子	位置	x	y	z
$P2_12_12_1$	Xe	4a	0.49822	0.80056	0.73773
	O_1	4a	0.63389	0.29975	1.04537
	O_2	4a	0.73422	0.31991	0.56140
	O_3	4a	0.37337	0.49995	0.75015
Pnma	Xe	4c	0.50878	0.75000	0.98841
	O_1	4c	0.16884	0.43832	0.63618
	O_2	8d	0.56840	0.25000	0.34852

0.6161nm，与实验值 0.6163nm 相吻合，b 和 c 分别为 0.8616nm 和 0.6047nm，略大于实验值 0.8115nm 和 0.5234nm。值得注意的是晶格参数 a 和 c 的值相近，两者均明显小于晶格参数 b，说明单胞形状沿 y 方向比较瘦长。$Xe—O_1$、$Xe—O_2$ 和 $Xe—O_3$ 分别为 0.1899nm、0.1893nm 和 0.1900nm，其平均值为 0.1897nm 略大于实验值 0.176nm。每个 XeO_3 分子的三个 $Xe—O$ 键分别指向三个近邻的三氧化氙分子中 Xe 原子，其相应的分子间距离若用 $Xe\cdots O$ 来标定，每个 Xe 和近邻的 XeO_3 分子有 $Xe\cdots O_1$、$Xe\cdots O_2$ 和 $Xe\cdots O_3$ 三种不同的距离，其间距分别为 0.2744nm、0.2680nm 和 0.2697nm，其平均值为 0.2707nm，与实验值 0.271nm 相符合。$O_1—Xe—O_2$ 键角为 104.26°，略小于相应实验值 108.1°，$O_1—Xe—O_3$ 和 $O_2—Xe—O_3$ 的值分别为 102.57°和 102.32°，略大于实验值 100.0°和 101.2°。但三种 $O—Xe—O$ 键角的平均值为 103°，与实验值一致。三种不同的 $Xe—O$ 键长相当，键角不同表明三氧化氙分子形状为不规则的三角金字塔状。需要说明的是计算值比实验值略大或略小，有可能来源于实验与从头算的条件不同。虽然计算值与实验值有少许区别，但计算结果仍有助于理解三氧化氙结构对外部压力的响应。

表 6-2　低压相和高压相在 0GPa 时的结构参数

空间群		P2₁2₁2₁		Pnma
		实验值	计算值	计算值
结构参数 /nm	a	0.6163	0.6161	0.6688
	b	0.8115	0.8616	0.7399
	c	0.5234	0.6047	0.5709
键长/nm	$Xe—O_1$	0.174	0.1899	0.1879
	$Xe—O_2$	0.177	0.1893	0.1920
	$Xe—O_3$	0.176	0.1900	—
键角/(°)	$O_1—Xe—O_2$	108.1	104.26	104.99
	$O_1—Xe—O_3$	100.0	102.57	—
	$O_2—Xe—O_3$	101.2	102.32	—
	$O_2—Xe—O_2$	—	—	92.22

三氧化氙高压相结构如图 6-1（c）和（d）所示，其相应的结构参数见表 6-2。高压相结构具 Pnma 的空间对称群性，每个单胞中也包含 4 个 Xe 原子和 12 个 O 原子，但是不同于低压相的是，O_3 位消失，低压相中的 O_2 由四重对称变为

八重对称（见表 6-1）。其晶格参数 a、b 和 c 分别为 0.6688nm、0.7399nm 和 0.5709nm。从表中可看出，在压强为 0GPa 时，a 值略大于低压相的 0.6161nm，而 b 明显小于低压相的 0.8616nm，c 则略小于低压相的 0.6047nm。晶格参数的变化反映高压相沿 x 方向反常膨胀，由于 b 值减小显著，导致两相的单胞形状明显不同，沿着 y 方向高压相单胞呈现短而胖。Xe—O_1 和 Xe—O_2 的键长分别为 0.1879nm 和 0.1920nm，与低压相相应键长 0.1899nm、0.1893nm 相近。高压相中 O_1—Xe—O_2 键角的值为 104.99°，明显大于 O_2—Xe—O_2 的值 92.22°，值得说明的是两相中的 O_1—Xe—O_2 相近，但由于对称性变化导致另外两个键角显著变小。由表 6-1 和表 6-2 表明，三氧化氙中的确存在压力诱导 Xe—O 键的对称化现象，类似于高压诱导冰[34,35]中 H—O 键和 HBr[36]中 H—Br 键的对称化。值得注意的是，高压相中每个 Xe—O 键中的 O 原子指向其他四个三氧化氙分子的 Xe 原子，即两个 Xe—O_1⋯Xe 和两个 Xe—O_2⋯Xe，其间距分别为 0.2676nm 和 0.2990nm。

对比两相结构即图 6-1（a）～（d），易发现低压相和高压相结构有明显不同。如图 6-1（a）和（c）均是沿着 x 方向观察，但它们显著不同。低压相（见图 6-1（a）），Xe 原子的重心位于同一行，但在列的方向上有少许偏差。相邻的两个三氧化氙分子中的 Xe—O_1 键略显倾斜状，且彼此平行，并且 Xe—O_1 键指向对方三氧化氙分子的 Xe 原子。高压相中，Xe 原子的重心不但位于同一行，也位于同一列，见图 6-1（c）。相邻的两个三氧化氙分子，对应的 Xe—O_1 键沿 x 方向观察彼此重叠，且其中一个三氧化氙分子中的 Xe—O_1 键上的 O_1 顶着另外一个分子上的 Xe，而另外一个分子中的 Xe—O_1 中 O_1 又顶着这个三氧化氙分子中的 Xe 原子，两个三氧化氙分子沿着 x 方向重叠图呈蝴蝶结状。若沿 z 轴观察，若把 Xe—O_3 键中的 O_3 原子看作头的话，低压相中近邻的两个三氧化氙分子中的 Xe—O_3 键近似呈现头顶头的情况，如图 6-1（b）所示，并且低压相中三氧化氙分子的三个 O 原子所在的平面呈 Zig-Zag 形排列。而高压相中如图 6-1（d）所示，同一行或同一列的三氧化氙分子的 O 原子所在平面倾向于相互平行，相邻两行的三氧化氙分子的 O 原子所在平面分别位于 Xe 的两侧，同列中相邻的两个三氧化氙分子也呈现出类似规律，类似两个头顶头的漏斗。通过对比结构图的分析结果显示，高压相中的三氧化氙分子在空间上呈现出比低压相具有更高的对称性或有序性。

进一步关于 O 原子的追踪分析表明，低压相 $P2_12_12_1$ 到高压相 Pnma 的结构相变可通过 O_3 原子的跳跃实现，O 原子由低压 $P2_12_12_1$ 相结构中的 O_3 位置沿着 Xe—O_3⋯Xe 跳跃至高压相 Pnma 结构的另外一个 O_2 位置，从而变成了 Xe⋯O_2—Xe 的空间组合，如图 6-1（e）所示。由此可推断，在通过 Xe—O_3⋯Xe 相连的两个三氧化氙分子间可能存在两个不同的局域极小位置，氧原子可通过不同局域极小位置之间跳跃实现从低压相到高压相的相转变。也就是外部压力可驱动 O 原子从一个局域极小位置跳跃至另一个局域极小位置，即 Xe—O_3···Xe ⇌ Xe···O_2—Xe 的互相转变诱发的相变，类似于含有氢键体系中的 H 原子在氢键内部不同的局域极小位置间的跳跃诱发相变的现象。该跳跃过程同时伴随一个 Xe—O_3 共价键的断裂和一个新的 Xe—O_2 共价键的形成过程。

为分析两相的热力学稳定性，进一步分析计算了两相的焓值及其组分自由能 E 和压强与体积乘积（pV）值，两相焓值及其组分的差值如图 6-2 所示。由图可知，在小于 2.2GPa 的压强范围内，低压相的焓值较低，而压强高于 2.2GPa 时，高压相的焓值开始低于高压相的焓值。由热力学知识知，吉布斯自由能 $G = E + pV - TS$，T 为温度，S 为熵，绝对温度下熵的贡献可忽略，因此焓 $H = E + pV$，其值的相对大小能直接反映系统的热力学稳定性。该图说明在 0~2.2GPa 的压强区间内实验观察到的 P2₁2₁2₁ 结构更稳定，高于 2.2GPa 的情况下，高压相 Pnma 结构更稳定，也就意味着在大约 2.2GPa 处发生了从低压相到高压相的结构相变。高压相结构一直稳定到至少 50GPa 压强区域。图 6-2 也给出了焓的组分 E 和 pV 随压强的变化情况。由于晶体本身结构特征，低压相在 0~7GPa 的压强区域内均具有更低的自由能，也就是说低压相焓的贡献主要来源于自由能。而压强高于 2.2GPa 时，pV 项对焓的贡献开始凸显出来，说明高压相相对低压相而言，具有明显的体积优势，其体积大幅度的减小足以弥补自由能的劣势，从而导致相变发生。为确定 Pnma 的热力学稳定性，该结构在 2.2GPa 时的声子谱如图 6-3 所示，该声子谱是沿着高对称点 Γ-Z-U-X-S-Y-Γ 的方向计算得到，该图中未出现虚频，充分说明高压相结构的稳定性。

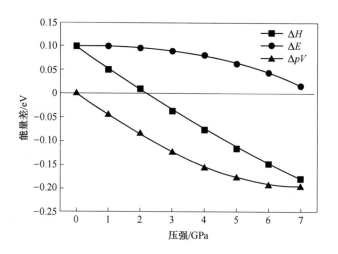

图 6-2　两相的焓、自由能和 pV 值的差异随压强的变化

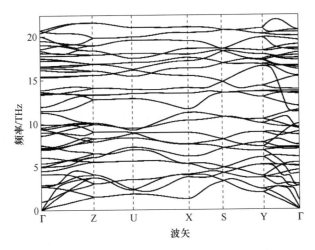

图 6-3　高压相 Pnma 在 2.2GPa 时的声子谱

6.3.2　体积和结构参数随压强的演化

　　两相体积随压强的变化如图 6-4（a）所示。在相变点 2.2GPa 时，体积有一阶梯性跃变，由 $P2_12_12_1$ 相的 0.0170nm³/原子突然降至 Pnma 相的 0.0152nm³/原子，导致高压相中每个原子的体积较低压相减少约 10.6%，说明高压相体积大幅减小足以补偿它的自由能高的弊端，在焓的贡献上凸显并占主导优势。$P2_12_12_1$ 结构中三个晶格参数 a、b、c 随着压强的增加而减小，a、b 变化明显快于 c，而对于 Pnma 结构，三个晶格参数变化较温和缓慢如图 6-4（b）所示。在结构相变压强点 2.2GPa 附近，参数 a 从有低压相的 0.572nm 增大至高压相到 0.640nm，

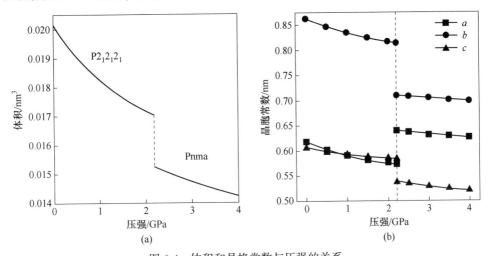

图 6-4　体积和晶格常数与压强的关系

（a）体积随压强的变化；（b）晶胞参数随压强的变化

说明晶格沿 x 方反常膨胀，增大幅度约 11.9%。相反地，b 从低压相的 0.814nm 减小至高压相的 0.710nm，而 c 值则从 0.584nm 减至 0.547nm，分别收缩了 14.6% 和 8.0%。说明相变时晶格体积变化主要来源于沿 y 和 z 方向的压缩。

体积的急剧变化或晶格常数的收缩或膨胀均与原子的距离有关。图 6-5 给出了 Xe—O 的键长以及 Xe⋯O 原子间距随压强的变化关系。对于低压相结构如图 6-5（a）所示，Xe⋯O₁，Xe⋯O₂ 和 Xe⋯O₃ 距离分别从静置环境的 0.2680nm、0.2744nm 和 0.2697nm 迅速下降到 6GPa 时的 0.2386nm、0.2485nm 和 0.2460nm。说明压强极大的缩小了三氧化氙分子间距。但有意思的是，分子内的三个 Xe—O 共价键的键长却呈现反常增大，Xe—O₁ 的键长由静置条件下的 0.1896nm 增加到 6GPa 下的 0.1920nm，Xe—O₂ 的键长由 0.1889nm 增加到 0.1915nm，Xe—O₃ 的键长则由 0.1885nm 增加到 0.1926nm，其中 Xe—O₃ 增加幅度最大。此外，压强大于 3GPa 时，Xe—O₂ 的键长增加趋势与 Xe—O₃ 相似，其增加幅度略大于 Xe—O₁。对高压相结构来讲，其表现规律类似低压相，如图 6-5（b）所示。Xe⋯O₁ 间距离分别从静置环境下的 0.2676nm 迅速下降到 50GPa 下的 0.2118nm，而 Xe⋯O₂ 则由 0.2990nm 降至 0.2192nm，需要指出的是高压相中每个 Xe 原子有 4 个近邻三氧化氙分子，分别以 Xe⋯O₁ 和 Xe⋯O₂ 相连接。三个分子内的共价键，Xe—O₁ 键长由 0GPa 时的 0.1878nm 增加到 50GPa 的 0.1928nm，而两个 Xe—O₂ 键的长度则由 0.1919nm 增加到 0.2028nm。两相中 Xe—O 共价键键长随压强变化情况，非常类似于含氢键的尿素[37]中的 N—H 共价键键长随压强变化，即反常增加现象。

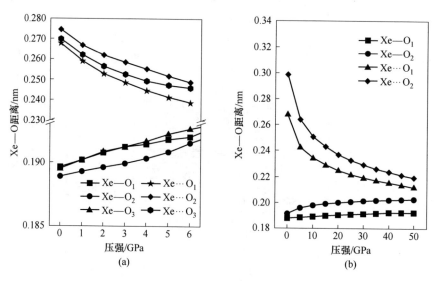

图 6-5 两相中 Xe—O 间距随压强的变化

(a) 低压相；(b) 高压相

由图 X—O 原子距离分析表明，压缩可以大幅度减小三氧化氙分子间的 Xe⋯O 间距，但分子内共价键 Xe—O 键被显著拉长。该结果表明，Xe—O 键对体积减小没有贡献，而 Xe⋯O 间距扮演着重要角色。那么 Xe⋯O 间距变化来源是什么？是由 O 的空间位置变化所致还是由 Xe 的空间位置变化所致？需要进一步澄清，基于此，Xe 的位置随压强的变化情况和 O—Xe—O 键角的相关信息均需进一步分析，其计算结果如图 6-6 所示。图 6-6（a）给出的是近邻的 Xe—Xe 原子间距随压强的变化关系。低压相中，Xe—Xe 间距随压强而减小，但是其变化明显快于高压相 Pnma 结构中 Xe—Xe 间距的变化。对于低压相，其体积的变化主要来自 Xe—Xe 间距变小，换言之，分子间间距 Xe⋯O 的变化主要来源是 Xe 的移动。在相变压强点约 2.2GPa 时，Xe—Xe 原子间距由低压相中的 0.407nm 阶梯性下降至高压相中的 0.355nm。需要说明的是，沿 y 方向的距离变化和总距离变化之间的差异几乎可以忽略。说明相变时 Xe 原子沿 y 轴的大幅度移动导致了晶格常数 b 的大幅度减小，同时也带来了高压相中 Xe 原子在空间更有规律的排列，呈现如图 6-1（c）和（d）所示的规律。键角的计算结果显示，低压相 $P2_12_12_1$ 结构中随着压强的增加，键角 O_1—Xe—O_3 和 O_2—Xe—O_3 的随压强的变化明显快于键角 O_1—Xe—O_2，如图 6-6（b）所示。在相变点，由于一氧原子从低压相 $P2_12_12_1$ 结构中的 O_3 位置跳跃至高压相 Pnma 中的另一 O_2 位置，导致两个键角的急剧变化，即 O_1—Xe—O_3 和 O_2—Xe—O_3 的键角从低压相中大致 100° 急剧下降至高压相中的 88°。而在两相中，位置未发生变化 O_1、O_2 与 Xe 成的键角 O_1—Xe—O_2 随压强增呈现出相似的变化性质。Xe 原子的移动和 O_2—Xe—O_2 的快速变化导致三氧化氙分子的空间形状的收缩，使三氧化氙能够在高压相中能更紧密地堆积，进而使高压相表现出良好的可压缩性。

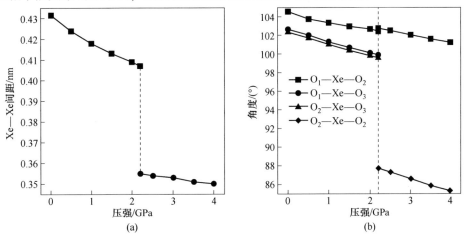

图 6-6　Xe—Xe 间距和 O—Xe—O 键角随压强变化

（a）Xe—Xe 间距；（b）O—Xe—O 键角

共价键键长被拉长，其相应的振动模式也会随之发生变化，由于其结构中振动分支较多，振动频率较复杂，这里仅给出低压相和高压相中 Xe—O₁ 的拉伸振动频率随压强的变化情况，如图 6-7 所示。两相中 Xe—O₁ 键的振动模式均包含三支反对称拉伸模式，记为 M₁、M₂ 和 M₃，和一种对称模式记为 M₄。四种振动模式的频率均随压强的增加而减小。由图可明显看出，三支反对称模式的振动频率，在低压相中（图 6-7（a））分别从静置环境下约 20.5THz 显著下降到 7GPa 时的 19.6THz（M₁）、19.4THz（M₂）和 19.0THz（M₃），而对称振动模式 M₄ 的频率，则由 20.5THz 以较快的下降方式降至 7GPa 的 18.3THz。高压相中三支反对称模式则由静置环境约 21THz 显著下降到 20GPa 时的 19.44THz（M₁）、18.74THz（M₂）和 19.26THz（M₃）（见图 6-7（b））。高压相中对称振动模式则以比较平和的方式由 20.07THz 下降至 20GPa 时的 19.30THz。振动频率随压强变化的结果表明在三氧化氙分子晶体中压强可使 Xe—O 的拉伸振动模式呈现红移现象，类似于含有氢键的冰[34,35]中 O—H 的拉伸振动规律。

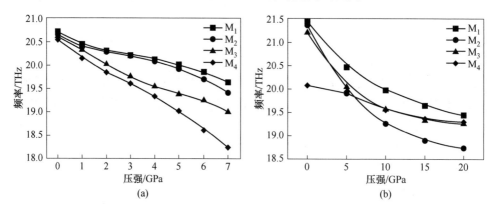

图 6-7　Xe—O₁ 四支振动模式的频率与压强的关系

(a) 低压相；(b) 高压相

　　Xe—O 共价键的性质可以用晶体轨道哈密顿布居（Crystal Orbital Hamilton Population，COHP）[38]来进一步说明。COHP 是反映成键性质的重要指标，通过将态密度（DOS）与相应的哈密顿量加权而得到。负值和正值分别是代表成键态和反键态。而对 COHP 积分至费米面得可得到布局积分即 ICOHP，如图 6-8 所示，其值的大小可反映成键强度。从图 6-8（a）中可以看出，低压相结构中 Xe—O₂ 和 Xe—O₃ 的 ICOHP 值从静置环境下的-2.05eV/对和-2.10eV/对增加到 6GPa 下的-1.73eV/对和-1.88eV/对，表明加压导致 Xe—O₂ 和 Xe—O₃ 键的减弱，但 Xe—O₁ 的 ICOHP 却有不同表现，它的值 4GPa 时达到最大，然后下降。在高压相结构中如图 6-8（b）所示，Xe—O₁ 键的 ICOHP 从 5GPa 时的-2.36eV/对增加至 50GPa 时的-1.48eV/对，两个 Xe—O₂ 键的 ICOHP 从-2.08eV/对则显著增加至-0.72eV/对。ICOHP 的增加进一步说明 Xe—O 共价键的成键强度呈减弱趋势，这也是随压强增加 Xe—O 键长变长和 Xe—O 拉伸振动频率的红移的原因。

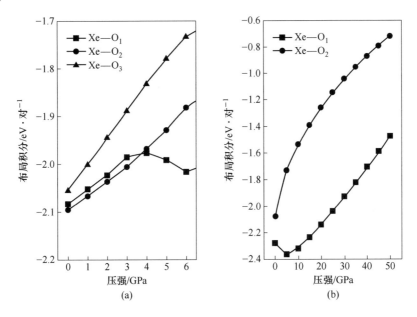

图 6-8　两相中 Xe—O 键的布局积分与压强的关系
(a) 低压相；(b) 高压相

　　三氧化氙中共价键 Xe—O 的行为可根据电子供体-受体模型来解释。每个三氧化氙分子通过非共价键 Xe—O⋯Xe 与其他三个三氧化氙分子相互作用。其中 Xe 具有亲电子特性。在压力作用下，电子将从氧的孤对电子处转移至 Xe 原子邻近，导致 Xe—O 共价键的减弱。此外，在 2GPa 附近的结构转变，通过氧原子在非共价键 Xe—O⋯Xe 内部从一个局域极小位置跳跃至另一个局域极小位置实现，类似于质子在氢键内部的跳跃的机制[39,40]。相变同时伴随 Xe—O$_3$ 键的断裂和新的 Xe—O$_2$ 键形式。氧原子在不同局域极小位置间的跳跃可能与实验观察到的多种排列形态有关[26]。

6.3.3　带结构与电子态密度

　　低压相和高压相的带结构见图 6-9，需要说明的是所有的态密度的价带顶被设置为 0。两相的带结构在外形上相似，但高压相的三个能量区的能带结构相对低压相来说，均有一定程度的下移，表现出压强效应。两者均有明显带隙，对应的带隙值分别为 2.22eV 和 2.14eV。为进一步分析带结构的具体组成，有必要进行态密度的计算。低压相 P2$_1$2$_1$2$_1$ 结构总态密度（DOS）和原子分态密度

（PDOS）如图 6-10 所示，由图 6-10 可看出，在给出的能量窗口范围内，占据态主要分布在费米面以下 -7 ~ -4eV 和 -2 ~ 0eV 的能量区间内，而非占据态主要集中在费米面以上 2 ~ 5eV 的能量范围内，占据态和非占据态之间有明显的禁带。在 -7 ~ -4eV 和 2 ~ 5eV 两个能量区间内分别有一电子占据谷的出现，其位置分别大致位于 -6eV 和 4eV 附近。通过对比图 6-9 图中的总态密度和原子的分态密度可知，-7 ~ -4eV 主要来源 Xe 的 5p 电子，而 -2 ~ 0eV 主要来源于 O 原子的 2p 电子。

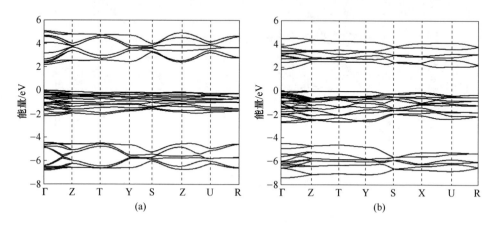

图 6-9　带结构

（a）低压相；（b）2.2GPa 时高压相

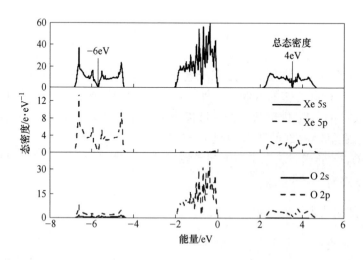

图 6-10　低压相的总态密度与原子的态密度

高压相的电子态密度如图 6-11 所示，其占据态和非占据态分布的能量区间类似于低压相的情况，但相应的能量区间稍微变宽且移向低能区。其态密度的轮廓和低压相有明显区别，首先，高压相态密度曲线轮廓变的宽而平坦。其次，在大致-6eV 和 3eV 的位置均出现一峰，表现出较强的电子局域性质。通过分析 O 和 Xe 两元素的态密度，不难发现-8～-4eV 主要来源于 Xe 5p 电子，而-3～0eV 主要来源于 O 2p 电子。对比两相的分态密度易发现，压强对 Xe 5p 电子的影响比较大。

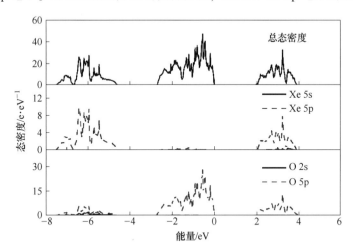

图 6-11 2.2GPa 时高压相的总态密度和原子态密度

6.4 本 章 小 结

综上所述，通过 DFT 计算，三氧化氙在 0～50GPa 压强下的结果表明：随着压力的增加，共价键 Xe—O 键长增加，其拉伸振动呈现红移，表现出典型的氢键行为。在约 2GPa 时，氧原子在非共价键 Xe···O 内部不同局域极小位置间跳跃导致 Xe—O 键的对称化，非常类似于质子在氢键内部跳跃诱发的氢键对称。氧的跳跃和压力诱使 Xe 原子沿 y 方向的大幅迁移导致了相变的发生。高压相具有较高的对称性和相对较小的键角，使三氧化氙分子能够在维度上紧密堆积，从而具有良好的可压缩性。结果证实三氧化氙化合物中存在类氢键-惰性气体键。该惰性气体键中，Xe 表现出亲电子特性是电子受体，O 是电子给体。该结果极大丰富了人们对惰性气体的认识，同时为设计新材料或分子重组提供了一种新的手段。

参 考 文 献

[1] Goswami M, Arunan E. The hydrogen bond: A molecular beam microwave spectroscopist's view with a universal appeal [J]. Phys. Chem. Chem. Phys., 2009, 11 (40): 8974-8983.

[2] Pimentel G C, McClellan A L. The hydrogen bond [J]. J. Chem. Educ., 1960, 37 (11): A754.

[3] Huggins M L. 50 Years of hydrogen bond theory [J]. Angew. Chem. Internat. Edit. , 1971, 10 (3): 147-152.

[4] Beale T M, Chudzinski M G, Sarwar M G, et al. Halogen bonding in solution: thermodynamics and applications [J]. Chem. Soc. Rev. , 2013, 42 (4): 1667-1680.

[5] Ramasubbu N, Parthasarathy R, Murray-Rust P. Angular preferences of intermolecular forces around halogen centers: Preferred directions of approach of electrophiles and nucleophiles around carbon-halogen bond [J]. J. Am. Chem. Soc. , 1986, 108 (15): 4308-4314.

[6] Legon A C. The halogen bond: An interim perspective [J]. Phys. Chem. Chem. Phys. , 2010, 12 (28): 7736-7747.

[7] Gavallo G, Metrangolo P, Milani R, et al. The halogen bond [J]. Chem. Rev. , 2016, 116 (4): 2478-2601.

[8] Iwaoka M, Takemoto S, Tomoda S. Statistical and theoretical investigations on the directionality of nonbonded S···O interactions. Implications for molecular design and protein engineering [J]. J. Am. Chem. Soc. , 2002, 24 (35): 10613-10620.

[9] Wang W, Ji B, Zhang Y. Chalcogen bond: A sister noncovalent bond to halogen bond [J]. J. Phys. Chem. , A, 2009, 113 (28): 8132-8135.

[10] Scheiner S. The pnicogen bond: Its relation to hydrogen, halogen, and other noncovalent bonds [J]. Acc. Chem. Res., 2013, 46 (2): 280-288.

[11] Zahn S, Frank R, Hey-Hawkins E, et al. Pnicogen bonds: A new molecular linker? [J]. Chem. Eur. J., 2011, 17 (22): 6034-6038.

[12] Chernick C L, Claassen H H, Fields P R, et al. Fluorine compounds of xenon and radon [J]. Science, 1962, 138 (3537): 136-138.

[13] Claassen H H, Selig H, Malm J G. Xenon tetrafluoride [J]. Journal of the American Chemical Society, 1962, 84 (18): 3593.

[14] Smith D F. Xenon trioxide [J]. J. Am Chem. Soc., 1963, 85 (6): 816-817.

[15] Templeton D H, Zalkin A, Forrester J D, et al. Crystal and molecular structure of xenon trioxide [J]. J. Am. Chem. Soc. , 1963, 85 (6): 817.

[16] Huston J L, Studier M R, Sloth E N. Xenon tetroxide: Mass spectrum [J]. Science, 1964, 143 (3611): 1161-1162.

[17] Bartlett N. Xenon hexafluoroplatinate (V) Xe⁺PtF₆ [J]. Proc. Chem. Soc. , 1962: 218.

[18] Grochala W. Atypical compounds of gases, which have been called "noble" [J]. Chem. Soc. Rev., 2007, 36 (10): 1632-1655.

[19] Hermann A, Schwerdtfeger P. Xenon suboxides stable under pressure [J]. J. Phys. Chem. Lett. , 2014, 5 (24): 4336-4342.

[20] Brock D S, Schrobilgen G J. Synthesis of the missing oxide of xenon, XeO₂, and its implications for Earth's missing xenon [J]. J. Am. Chem. Soc. , 2011, 133 (16): 6265-6269.

[21] Brock D S, Bilir V, Mercier H P A, et al. XeOF₂, F₂OXeN≡CCH₃, and XeOF₂ · nHF: Rare examples of Xe (Ⅳ) oxide fluorides [J]. J. Am. Chem. Soc. , 2007, 129 (12): 3598-3611.

[22] Haner J, Schrobilgen G J. The chemistry of xenon (Ⅳ) [J]. Chem. Rev. , 2015, 115 (2):

1255-1295.

[23] Zhu L, Liu H, Pickard C J, et al. Reactions of xenon with iron and nickel are predicted in the Earth's inner core [J]. Nat. Chem. , 2014, 6 (7): 644-648.

[24] Miao M S, Wang X, Brgoch J, et al. Anionic chemistry of noble gases: formation of Mg-NG (NG= Xe, Kr, Ar) compounds under pressure [J]. J. Am. Chem. Soc. , 2015, 137 (44): 14122-14128.

[25] Bauzá A, Frontera A. Aerogen bonding interaction: A new supramolecular force? [J]. Angew. Chem. Int. Ed. , 2015, 54 (25): 7340-7343.

[26] Goettel J, Schrobilgen G. Solid-state structures of XeO_3 [J]. Inorg. Chem. , 2016, 55 (24): 12975-12981.

[27] Goettel J, Matsumoto K, Mercier H, et al. Syntheses and structures of xenon trioxide alkylnitrile adducts [J]. Angew. Chem. Int. Ed. , 2016, 128 (44): 13984-13987.

[28] Kresse G, Furthmuller J. Efficient iterative schemes for ab initio total-energy calculations using a plane-wave basis set [J]. Phys. Rev. B, 1996, 54: 11169-11186.

[29] Blöchl P E. Projector augmented-wave method [J]. Phys. Rev. B, 1994, 50: 17953-17979.

[30] Kress G, Joubert D. From ultrasoft pseudopotials to the projector augmented wave method [J]. Phys. Rev. B, 1999, 59: 1758-1765.

[31] Perdew J P, Burke K, Ernzerhof M. Generalized gradient approximation made simple [J]. Physical Review Letters, 1996, 77 (18): 3865.

[32] Monkhorst H, Pack J, Special points for Brillouin-zone integrations [J]. Phys. Rev. B, 1976, 13: 5188.

[33] Zhu Q, Jun D Y, Oganov A R, et al. Stability of xenon oxides at high pressures [J]. Nat. Chem., 2013, 5 (1): 61-65.

[34] Aoki K, Yamawaki H, Sakashita M, et al. Infrared absorption study of the hydrogen-bond symmetrization in ice to 110 GPa [J]. Phys. Rev. B, 1996, 54 (22): 15673.

[35] Bernasconi M, Silvestrelli P L, Parrinello M. Ab initio infrared absorption study of the hydrogen-bond symmetrization in ice [J]. Phys. Rev. Lett., 1998, 81 (6): 1235.

[36] Duan D F, Tian F B, He Z, et al. Hydrogen bond symmetrization and superconducting phase of HBr and HCl under high pressure: An ab initio study [J]. J. Chem. Phys., 2010, 133 (7): 074509.

[37] Miao M S, Van Doren V E, Keuleers R, et al. Density functional calculations of the structure of crystalline urea under high pressure [J]. Chem. Phys. Lett., 2000, 316 (3-4): 297-302.

[38] Dronskowski R, Blöchl P E. Crystal orbital hamilton populations (COHP): Energy-resolved visualization of chemical bonding in solids based on density-functional calculations [J]. J. Phys. Chem. , 1993, 97 (33): 8617-8624.

[39] Benoit M, Romero A H, Marx D. Reassigning hydrogen-bond centering in dense ice [J]. Phys. Rev. Lett. , 2002, 89 (14): 145501.

[40] Ikeda T, Sprik M, Terakura K, et al. Pressure effects on hydrogen bonding in the disordered phase of solid HBr [J]. Phys. Rev. Lett. , 1998, 81 (20): 4416.

7 AgO 晶体中的 Ag 的价态转换与结构相变

7.1 概　　述

过渡金属因具有未满的 d 壳层电子，导致其性质与其他元素有明显差别，比如这些金属一般价态可变，或者当 d 轨道电子参与杂化时，该轨道上的电子可发生重排，表现出反磁性或顺磁性等。通过改变外部条件，可使过渡金属化合物获得与 d 电子占据相关的新颖性质，同时获得丰富的电子与晶格之间相互作用的信息。温度或压强外部因素可引发 d 轨道电子的占据变化或者电子重排从而导致结构相变。在一些过渡金属化合物中相变的同时还有可能伴随价电荷的歧化或者归中，该现象已成功吸引了相关研究人员广泛关注，如含有稀土元素的镍酸盐 $RNiO_3$（R 为稀土金属，R $\neq$ La）[1-6]。研究发现该部分镍酸盐随着温度的变化，均会有一结构相变，并伴随金属-绝缘体转变。同时，Ni 的价态由原来单一的三价态转变为二价和四价的混合价态。金属-绝缘体一级相变的原因及价态转变是一非常有趣的科学问题，并引起了相当多的关注[3,5,7]。

除稀土镍酸盐 $RNiO_3$ 之外，含有过渡金属金元素的碱金属卤化物，其化合物的通式为 $M_2Au_2X_6$（M=K，Rr，Cs；X=Cl，Br，I)[8]，在外部压力的作用下也表现出和镍酸盐相似的性质，同时，它们的输运性质、结构和 Au 的价态均会因外部压强而发生变化。根据电-声耦合相互作用，一般情况下，Au 原子在静置环境下常以混合价态（Au^+/Au^{3+}）存在，但当压强增加至一定值时，价态会归一。研究表明，碘、溴和氯的三种卤化物价态归一的临界压强分别为 5.9GPa、9GPa 和 12.5GPa，同时发生结构相变[9-12]。实验推测该结构相变与混合价（Au^+ 和 Au^{3+}）向单价 Au^{2+} 态的转变有密切关系。目前，已经进行了多种实验[8-12]和理论[13]的相关研究以期揭示压强抑制 Au 混合价态的原因，但遗憾的是，该机制仍未完全澄清，尚需研究者进一步努力。

作为和 Au 同主族的 Ag 原子，在其氧化物 AgO 中呈现的价态类似 Au 在卤化物中 $M_2Au_2X_6$ 的情况。实验表明在静置环境条件下，AgO 晶体具有 P2$_1$/c 空间群[14,15]，并且发现 Ag 和周围 O 原子形成两种不同的空间构型，并以此推断 Ag 是以混合价（Ag$^+$/Ag^{2+}+空穴）和 O 成键。但早期理论研究发现，借助于 Ag$^+$/Ag^{2+}+空穴的形式代替 Ag 原子的 Ag$^+$/Ag^{3+} 价态却无法获得实验上观测到的 AgO 的晶体结构[16]。直到 2010 年，采用基于杂化泛函的 DFT[17] 和 Wannier 函数[17,18]理论上成功地捕获了其晶体结构，计算结果表明 Ag 是以混合价（Ag$^+$/Ag^{3+}）态存在，而非 Ag$^+$/Ag^{2+}+空穴[16,19]的情况。虽然 AgO 晶体中 Ag 的价态借助理论得以澄清，但压强对银价态是否有影响的研究尚仍需要进一步研究。因此，关于 AgO 晶体仍有几个科学问题需要关注，如压强能否使 Ag 原子价态归一，即类似金离子在 M$_2$Au$_2$X$_6$ 卤化物中行为，压强能否诱发 AgO 相变等问题。为澄清这些问题，本章运用杂化泛函的 DFT 计算和结构预测方法对 AgO 晶体进行一系列理论研究。

7.2 计 算 方 法

本研究的理论模拟是在基于密度泛函的理论框架内，利用从头计算模拟软件包（VASP）来实现[20]。在所有的计算中，Ag 原子的 4d^{10}5s^1 电子组态和 O 的 2s^{2}2p^4 电子组态作为两种元素的价电子，相应的波函数用平面波基描述，其截断能为 550eV。利用投影缀加波法（projection of augmentation wave，PAW）描述离子和电子之间的相互作用[21,22]。由于一般的 DFT 方法不能成功捕获 AgO 混合价的晶体结构，因此运用杂化泛函 HSE[23] 来处理交换关联势。采用 Monkhorst-Pack 方案在 0.3nm^{-1} 范围内进行 k 点网格采样[24]。同时采用共轭梯度法对所有结构进行完全弛豫优化，直到所有原子受的力收敛于 0.1eV/nm 为止。

为确保计算的可靠性，同时采用粒子群优化（PSO）算法的 CALYPSO 软件包进行结构搜索[25,26]，以预测高压下是否具有单一价态的 AgO 晶体结构。该软件包与 VASP 相结合，在给定的外部条件下，仅凭化学组分便可成功预测稳定的晶体结构[27,28]。模拟尺寸为每个原始单胞包含 2～4 个分子单元，分别在 100GPa、150GPa 和 200GPa 三个压强点进行结构搜索。并且每个压强点利用 PSO 搜索生成 20 代，每代含有 30 个空间结构。结构搜索完成后，采用基于杂化泛函 HSE 进行结构优化和焓的相关理论计算。具有 P2$_1$/c 空间对称性的 AgO 晶体低压结构，采用的单胞体系中包含 4 个 O 原子和 4 个 Ag 原子，且两种不同阳离子位置的 Ag 原子个数相等，其结构如图 7-1 所示。

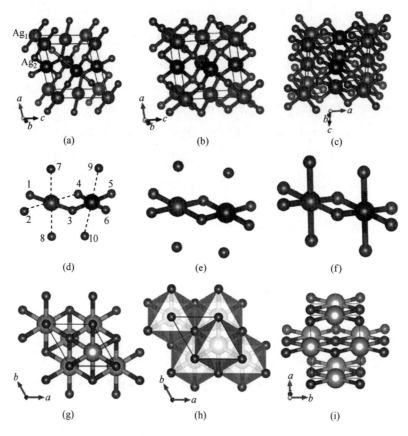

图 7-1 AgO 晶体结构和 Ag 局部氧近邻结构示意图

(图中标记为 Ag_1 和 Ag_2 的大灰球和大黑球分别代表 Ag^+ 和 Ag^{2+} 的位置，

大灰球和小黑球分别代表 Ag 和 O 原子)

(a)~(c) 分别为低压相 $P2_1/c$ 结构在 0GPa、75GPa 和 150GPa 结构示意图；

(d)~(f) 分别为图 (a)~(c) 结构中的 Ag 局部近邻示意图；

(g)~(h) 高压相 R-3m 结构图；(i) 亚稳相 Cmmm 结构图

7.3 结果和讨论

7.3.1 结构性质和热力学稳定性

计算得到的低压相和高压相结构信息见表 7-1，相应结构的详细参数则列于表 7-2 中。图 7-1 (a)~(f) 分别给出的是低压相在 0GPa、75GPa 和 150GPa 的结构图以及对应结构中 Ag_2O_{10} 多面体的空间局部图。静置环境下，具有 $P2_1/c$ 空间群的 AgO 晶体结构如图 7-1 (a) 所示，Ag 原子分别占据两个不同的二重晶格对称位，O 则占据具有 4 重对称晶位。平衡晶格参数 a、b 和 c 计算值分别为 0.591nm、0.359nm 和 0.554nm，β 为 107.30°，与实验[15]测量值 0.586nm、0.348nm、0.550nm 和 107.56° 相近，并与 J. P. Allen 等人[17]的理论计算值 0.597nm、0.355nm、0.557nm 和 107.33°相吻合。从图 7-1（a）中，能清晰看出 Ag 原子周围的氧分布的明显不同，其局部结构特征也明显不同（见图 7-1（d）），因 Ag 原子具有两种完全不同的晶格位置，为方便描述分别标记为 Ag_1 和 Ag_2。为进一步说明 Ag 原子周围局部氧环境，两个近邻的 Ag_1 和 Ag_2 晶格周围的氧原子作如图 7-1（d）所示的编号，以便描述其局部结构随压强的演化情况。从图中显示易发现，虽然两种位置的 Ag 原子周围都被 6 个氧原子包围，但是其具体构型有明显不同。Ag_1 位周围有两个最近邻 O_1 和 O_3，两个次近邻 O_2 和 O_4，和两个第三近邻 O_7 和 O_8，为区别成键情况，未成键的 Ag 和 O 间用虚线相连。Ag_1 和两个最近邻的 O_1、O_3 成键，并构成空间线型结构，Ag_1 原子位于线型结构的中点，Ag—O 键为 0.216nm。Ag_1 与次近邻 O_2、O_4，及第三近邻 O_7、O_8 的距离分别为 0.278nm 和 0.306nm。O_2 和 O_4 对称分布在 Ag_1 两侧，并与 O_1、O_3 位于同一平面内，O_7 和 O_8 两个原子对称地分布在该平面的两侧。Ag_2 晶格点位虽同 Ag_1 位置类似也有 6 个 O 分布在其周围，但不同的是它与周围的 O_3、O_4、O_5 和 O_6 四个氧原子形成扭曲的方形平面结构，Ag_2 位于该平面的中心。Ag_2—O_4（O_6）键长为 0.2017nm，Ag_2—O_3（O_5）键长为 0.2018nm，后者略大于前者，该平面内的 O—Ag_2—O 键角，大小分别为 88.4° 和 91.6°。两个第三近邻氧原子 O_9 和 O_{10}，与 Ag_2 的间距为 0.296nm，O_9、Ag_2 和 O_{10} 三原子位于同一直线上，该直线斜穿扭曲的方形平面 AgO 平面。值得指出的是两种不同位置的 Ag_1 和 Ag_2 原子共用 O_3 和 O_4，形成两种形状完全不同的 AgO_6 八面体。Ag_1O 八面体底面比较扁平且以 O_7—Ag_1—O_8 为轴，Ag_2O 八面体虽底面近似为正方形，但由于顶点 O_9 和 O_{10} 不是对称分布在底面的两侧，导致该多面体呈倾斜状。

表 7-1　低压相和高压相对称性与原子位置信息

空间群	原子	x	y	z
P2$_1$/c	Ag_1	0	0	0
	Ag_2	0.5	0	0.5
	O	0.295	0.350	0.230
R-3m	Ag	0.66667	0.33333	0.83333
	O	0	1.0	1.0
Cmmm	Ag	0.5	0	1.0
	O	1.0	1.0	0.5

表7-2 低压相和高压相结构晶格参数

空间群		P2$_1$/c		R-3m
		实验值	计算值	计算值
结构参数	a/nm	0.586	0.591	0.2634
	b/nm	0.348	0.359	0.2634
	c/nm	0.550	0.554	0.2634
	β/(°)	107.56	107.3	79.52
键长/nm	Ag$_1$—O	0.216	0.216	0.214
	Ag$_2$—O	0.2023/0.2027	0.2017/0.2018	—
键角/(°)	O—Ag$_1$—O	180	180	76.05/103.96
	O—Ag$_2$—O	88.6/91.4	88.38/91.62	—

对比图 7-1 (a) 及图 7-1 (b) 和 (c)，容易发现，P2$_1$/c 结构对压强非常敏感，随着压强的增加，Ag$_1$ 和 Ag$_2$ 两种不同晶格点位之间的结构差异逐渐变小直至消失。75GPa 时，Ag$_1$ 与 O$_2$、O$_4$ 两原子的距离由静置环境下的 0.278nm 减小至 0.211nm，与 Ag$_1$—O$_1$(O$_3$) 键长 0.205nm 相当，说明 Ag$_1$ 位原子在外部压强的诱使下和周围四个氧原子也形成了如图 7-1 (e) 平面结构，类似于 Ag$_2$ 位的方形平面结构。在 150GPa 时，两种晶格位置的 Ag 周围环境的差异完成消失。并且压强增加使得 O$_9$、Ag$_2$ 和 O$_{10}$ 三原子所在直线与水平面的夹角增大，最后呈现竖直状（见图 7-1 (f)）。因此，高压可使 Ag 位置差异变小直至消失。为验证其高压相稳定性，特运用 CALYPSO 软件包进行了全局区域能量极小结构的搜索和预测，高压下具有全同 Ag 位置的 AgO 晶体结构如图 7-1 (g) 和 (h) 所示。

由体系焓值分析显示，稳定的高压相具有 R-3m 空间群的三角锥结构如图 7-1 (g) 和 (h) 所示，它是由倾斜的八面体 AgO$_6$ 组成，其形状类似于高压下的 P2$_1$/c 结构。值得注意的是，倾斜的八面体具有 6 个等长的 Ag—O 键，这与高压下的 P2$_1$/c 结构中的 Ag—O 明显不同，后者中 2 个轴向 Ag—O 键要比四个平面键长些。需要说明的是在所研究的压强范围内还存在一结构，其空间群为 Cmmm，结构如图 7-1 (i) 所示，其相应的焓值非常接近 R-3m。该结构中，每个 Ag 原子和同一平面的其他 Ag 原子共享四个 O 原子，反之，每个 O 原子依次共享四个 Ag 原子，形成无限大的二维 AgO 层状结构。该结构通过 Ag 原子的双桥链穿过晶格，沿 b 和 c 轴交替变化。

焓是反映热力学系统稳定性的重要参数，在绝对零度情况下，熵的贡献可忽略，因此焓包含自由能和压强 p 与体积 V 的乘积两项，焓值的相对大小能反映系统相对稳定。为确定三种结构稳定存在的压强区域，分别计算了结构的焓值和相应组分随压强的变化。为便于比较，取 P2₁/c 结构在各个压强点的焓值作为参考值，比较另外两结构和该结构焓值的差异，其结果如图 7-2（a）所示。从图中可看出，虽然 Cmmm 和 R-3m 的晶体结构有显著不同，但在 0~200GPa 的压力范围内，两种结构的焓值非常接近，并且随压强增加呈现明显减小趋势，两者有相似的变化规律。但压强在 0~77GPa 区间范围内，实验观察到的结构 P2₁/c 焓值明显一直处于图形的底部，其数值明显低于 R-3m 和 Cmmm 两个结构的焓值。但在77~200GPa 压强区间，R-3m 和 Cmmm 结构的焓值开始越过 0 点走向负值区。该图说明大约 77GPa 为一转变压强，在小于该压强的区域，P2₁/c 结构具有较低的焓值说明该结构更稳定，而压强高压 77GPa 时，R-3m 和 Cmmm 具有较低的焓值，其结构较为稳定。虽然 R-3m 结构的焓值和 Cmmm 结构的焓值相近，但前者的焓值明显小于后者的焓值，说明前者在高压区更稳定。该图说明 AgO 晶体在压强约 77GPa 时发生了结构相变，结构由原来 P2₁/c 空间对称性转变为 R-3m 空间对称性。R-3m 相结构一直稳定存在至压强值达 200GPa。为进一步理解压强效应，图 7-2（b）给出的是低压相 P2₁/c 和高压相 R-3m 焓值的组分即自由能 E 和 pV 随压强的变化关系。从图中可知，在所研究的压强范围内，高压相自由能相对低压相自由能的差值为正，说明低压相在所研究的压强区域内其自由能一直处于优势，得益于该结构的原子的空间分布。而 pV 的差值却一直为负值，说明高压相的空间结构更易于压缩，在 77GPa 左右时，每个化学单位的体积减小将近3.7%，导致压强和体积的乘积（pV）的大幅度较小，从而弥补了自由能的劣势。

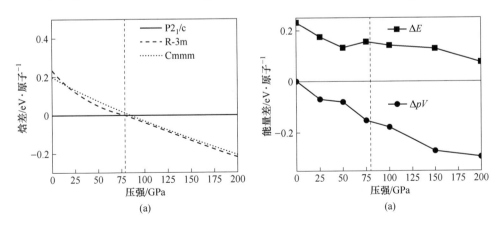

图 7-2　焓、自由能和 pV 差值与压强的关系

（a）R-3m 和 Cmmm 与 P2₁/c 结构的焓差；

（b）R-3m 与 P2₁/c 结构的自由能 E 和 pV 的差值随压强的关系

压强大于 77GPa 时，R-3m 相的体积优势占主导，从而比具有低自由能的 $P2_1/c$ 相更稳定。声子色散谱是反映晶体稳定性的有效工具，若晶体结构是稳定的，其声子振动软模无虚频，反之，则有振动软模虚频的出现。为确定 R-3m 热力学稳定性，特计算了该结构在 77GPa 声子谱，如图 7-3 所示。该声子谱是沿着高对称点 Γ-A-H-K-Γ-M 的方向进行计算得到，该图中未出现虚频，反映出该高压相结构是稳定的。

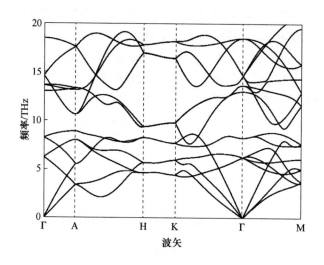

图 7-3 高压相 R-3m 的声子谱

7.3.2 体积和结构参数随压强的变化

由焓值的组分分析显示两相的 pV 对焓的贡献不同，为分析该部分的贡献，有必要进行体积和原子间距随压强的变化的计算，其结果如图 7-4 所示。图 7-4 (a) 给出的是两相体积随压强的变化情况，从该图中不难看出，低压相的体积随压强的变化明显快于高压相，在相变点附近，体积呈阶梯型突变，由低压相的 $0.0191\mathrm{nm}^3$/分子单位下降至高压相的 $0.0184\mathrm{nm}^3$/分子单位，每分子单位下降了 3.7%。体积的变化与原子间距的密不可分。为进一步揭示体积变化原因，两相结构中 Ag—O 原子间距和 Ag—Ag 原子间距随压强变化也进行了相关分析，为了便于描述，成键的阴阳离子间距用 Ag—O 标记，非成键的阴阳离子间距用 Ag··O 表示，其间距随压强的变化关系见图 7-4 (b)。低压相 $P2_1/c$ 结构中，平面方形构型中的 Ag_2—$O_3(O_5)$ 和 Ag_2—$O_4(O_6)$ 四个键长对压力极不敏感，线性构型中的 Ag_1—$O_1(O_3)$ 键长次之，而其他 Ag—O 间距随着压强的增加而迅速下降，直到 75GPa 附近。Ag_1—$O_1(O_3)$ 距离在研究的压强区间区域分段变化，由静置环境下的 0.216nm 较快变化至 75GPa 时的 0.205nm，此后随压强再增加将恒定在

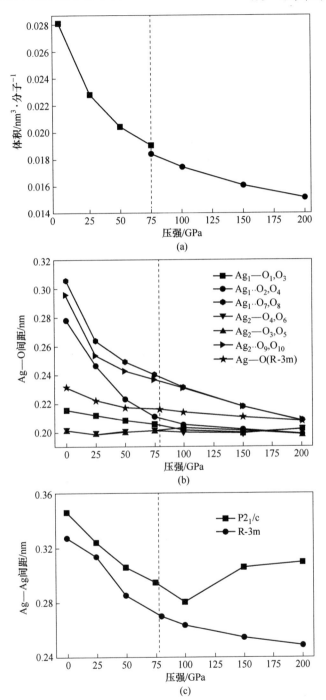

图 7-4 体积和原子间距随压强的变化

（a）P2$_1$/c 和 R-3m 结构的体积与压强的关系；（b）Ag—O 间距与压强的关系；

（c）Ag—Ag 间距与压强的关系

0.20nm 附近，说明 O_1—Ag_1—O_3 线性构型的原子间距在 75GPa 时达到饱和。但 O_2、O_4 两原子和 Ag_1 的间距由静置环境下的 0.278nm 迅速下降至 75GPa 的 0.211nm，接近于 Ag_1—O_1(O_3) 的键长 0.205nm，Ag_1 与 O_2、O_4 间距的迅速变化导致其与周围氧原子的构型由静置环境下的 O_1—Ag_1—O_3 线型结构转变为高压下的平面结构如图 7-1 （b）所示。有意思的是，随着压强的再增加，其 Ag_1—O_2(O_4) 和 Ag_1—O_1(O_3) 收敛于相同的值。Ag_1 与 O_7、O_8 两原子的间距随压强增加也呈现迅速下降态势，由静置环境下的 0.306nm 急剧降至 75GPa 的 0.240nm。

在研究的压强范围内，Ag_2—O_3(O_5) 和 Ag_2—O_4(O_6) 四个平面键长随压强增加几乎没有变化，其键长一直饱和在 0.20nm 附近。但 Ag_2 与 O_9、O_{10} 两原子的间距由静置环境下 0.296nm 迅速下降至 75GPa 的 0.236nm，与 Ag_1 与 O_7 和 O_8 的间距 0.240nm 相近。当压强高于 75GPa 时，Ag_1—O_1(O_2)、Ag_1—O_2(O_4)、Ag_2—O_3(O_5) 和 Ag_2—O_4(O_6) 八键长收敛于 0.20nm，说明 Ag_1 和 Ag_2 晶格位置趋于相同，且压强再增加其平面构型将很难压缩。在小于 75GPa 压强区域内，$Ag_1 \cdots O_7$(O_8) 原子间距变化明显快于 $Ag_2 \cdots O_9$(O_{10}) 原子间距，但高于 100GPa 时两者趋于一致，并随压强进一步增加其仍呈减小趋势，说明在压强大于 75GPa 的区间内，体积的变化主要来源 AgO_6 八面体的轴向收缩。相邻的 Ag—Ag 原子之间的距离随压强增加也呈现出明显的减小现象（图 7-4（c）），由静置环境下的 0.346nm 快速降至 100GPa 的 0.28nm，但压强大于 100GPa 时，Ag—Ag 间距却反常增加，这可能是由于 Ag 晶格位置趋于一致后，四个平面键长已饱和，AgO_6 八面体只能沿着 $Ag_1 \cdots O_7$ (O_8) 和 $Ag_2 \cdots O_9$ (O_{10}) 的方向被压缩，从而导致 Ag_1—Ag_2 间距反常增加。

图 7-4（b）同样给出了高压相 R-3m 结构中的 Ag—O 键长随压强的变化情况。但在高压结构中具有六个完全相同的 Ag—O，其键长变化趋势分段呈现，在小于 75GPa 的压强区域下降较快，由静置环境下的 0.23nm 降至 75GPa 的 0.22nm，但在高于 75GPa 的区域变化较为平缓，在其热力学稳定的压强区间 80~200GPa 内，其值饱和在 0.21nm 附近，这就意味着 Ag—O 间距变化并不是高压相体积减小的主要来源。R-3m 结构中的 Ag—Ag 距离变化明显（见图 7-4（c）），它从 80GPa 时的 0.27nm 显著下降到 200GPa 时的 0.24nm。说明 Ag—Ag 原子间距离的变化是 R-3m 结构具有良好压缩性的主要原因，而不是 AgO_6 八面体空间体积的压缩。虽然 R-3m 中 Ag—O 键长变化不大，但是 Ag—Ag 间距大幅度降低，导致 AgO_6 八面体在空间可以以较密集的方式堆叠，从而表现出良好可压缩性。

低压相 P2$_1$/c 结构和高压相 R-3m 结构中 Ag 的有效电荷[29]随压强变化情况如图 7-5 所示。静置环境下，P2$_1$/c 中 Ag_1 和 Ag_2 的有效电荷分别为 0.69e 和 1.28e，其中，Ag_2 的有效电荷明显大于 Ag_1 的有效电荷，这与两位置具有不同的氧近邻相吻合。线性构型中 Ag_1 失电子较少，因此需较多的空间来容纳其自身电荷，所以 Ag_1—$O_1(O_3)$ 键长明显长于平面方形结构中的键长。而 Ag_2 原子失去电荷较多，因此无需像 Ag_1 那样的空间来容纳自身电荷，和周围四个 O 作用较强，因此形成四个较强的 Ag—O 键。随着压强的增加，Ag_2 的有效电荷从 1.28e 迅速下降至 75GPa 的 1.02e，而 Ag_1 的电荷从 0.69e 显著增加到 0.88e。超过 100GPa 后，它们的电荷收敛于 1.04e 附近。有效电荷分析表明，Ag_1 随着压强的增加而失去电荷。因此，Ag_1 需要更少的空间，从而导致 Ag_1 周围空间容易压缩，进而 Ag_1—O 键容易被压缩，所以表现出如图 7-4（b）所示的键长变化情况。高压相 R-3m 中的 Ag 原子的有效电荷在 80GPa 时为 1.04e，在 200GPa 时为 1.1e，非常接近高压范围内 $P2_1/c$ 相的 1.02e，表明 Ag 原子在高于 80GPa 的环境下具有趋于相似的近邻氧环境。低压相中不同的晶格点位的 Ag 原子（混合价）可以理解为在静置环境下，由于 *J-T* 扭曲[8]而导致电荷歧化的结果。压力使得 AgO 的 Ag 电荷不均衡被抑制从而出现电荷的折中归一，从而出现完全等效的 Ag 原子的晶格点位（单一价态 Ag），类似于 $M_2Au_2X_6$ 化合物中压强诱发的 Au 价态的折中反应[8-13]。

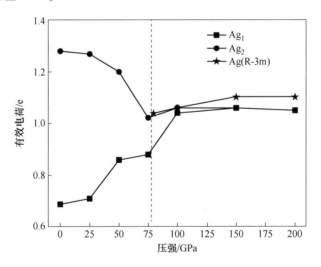

图 7-5　Ag 原子的有效电荷与压强的关系

7.3.3　带结构与电子态密度

图 7-6（a）为静置环境下低压相 $P2_1/c$ 带结构图，其费米面在高对称点 E 和 Γ 点，而导带底在高对称点 A 附近，两者出现在不同的对称点位置，因此属于典型的间接带隙半导体，其带隙值为 1.2eV，与实验测量的光带隙值 1.0~1.1eV 接近[30,31]，与 J. P. Allen[17]的理论计算值 1.2eV 完全吻合。随压强增加其带结构也发生明显变化，在 75GPa 时，导带的能级在外部压力的作用下，移向低能

区，明显看出导带底部的能级在高对称点 Y 点越过费米面，而价带顶的能级在高对称点 E 移向高能区同样穿过费米面，呈现出价带和导带明显交叠的现象，带隙消失，表现出了金属的特征（见图 7-6（b））。高压相 R-3m 的带结构如图 7-6（c）所示，和 P2$_1$/c 相在 75GPa 时的带结构类似，具有金属的带结构特征。带结构信息显示 AgO 半导体-金属转变要先于结构相变。

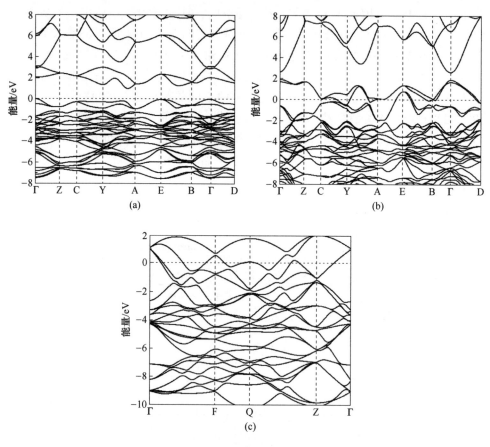

图 7-6 带结构图
（a）低压相 0GPa；（b）低压相 75GPa；（c）高压相 80GPa

带结构的微观信息可由电子结构反映。静置环境下，P2$_1$/c 结构的电子态密度如图 7-7 所示。需要指出的是所有态密度的价带顶被设为 0eV。从总态密度图可看出，在整个能量范围内，态密度主要分布在-7.5～-1eV、-1～0eV 和 1～3eV 三个区域，且在-7.5～-1eV 区域内电子态密度的分布线型比较平和，带隙清晰可见。对比 Ag$_1$ 和 Ag$_2$ 原子的分态密度图，易发现两者明显的不同。首先，Ag$_1$ 原子的 4d 态主要分布在-4.5～-1eV 的能量范围内，中心峰大致在-2.5eV 附近，费米面以上的能级中未发现 Ag$_1$ 4d 态，说明 Ag$_1$ 原子具有完全占据的 4d^{10} 电子构型结构即闭壳层结构。Ag_2 原子的 4d 态沿着价带分布并延伸至导带，并形成带隙，这是由于 $4d^8$ 平面晶体场的劈裂所导致[7]。Ag_2 原子电子态密度主要分布在 $-7.5 \sim -1eV$ 的能量区间内，且在该能量范围内大致以 $-4.5eV$ 为界限分为左右分布特征明显不同的两个区域，该值左侧区域的强度明显强于该值右侧区域的强度。值得注意的是两种 Ag 原子的 5s 电子态密度强度很弱，几乎可忽略。而 O 原子的电子态密度分布特征显示，其区域特征类似于总态密度的区域特征，在所显示的能量范围内，其态密度分布比较平缓。通过图 7-7 分析可知，$-7.5 \sim -1eV$ 区域内的电子态密度主要来源于 Ag_1 4d、Ag_2 4d 和 O 2p 态电子，$-1 \sim 0eV$ 主要来源于 Ag_1 4d 和 O 2p 态电子，而 $1 \sim 3eV$ 则主要来源于 Ag_2 4d 和 O 2p 态电子。带隙是由 Ag_2 4d 和 O 2p 态电子共同贡献。

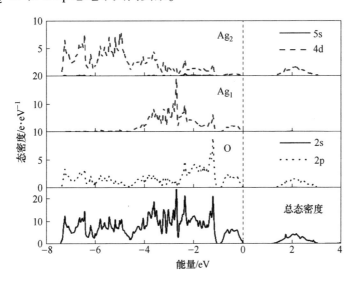

图 7-7　低压相 0GPa 时的电子态密度

$P2_1/c$ 结构在 75GPa 的电子态密度如图 7-8 所示，由该图可看出，外部压强会显著影响分态密度的特征。首先，与图 7-7 相比，容易发现，随着压强增加态密度的分布向低能区扩展，分布区域明显变宽，Ag_1 和 Ag_2 两位置的 Ag 原子的分态密度差异变小。Ag_1 4d 态由原来静置环境压的 $-4.5 \sim 0eV$，扩展至 75GPa 的 $-10.5 \sim 0eV$。同时，在导带区域出现了部分 Ag_1 4d 态。Ag_2 4d 态也发生了扩展，但是其主峰大致位于 $-5eV$ 附近。最后，价带顶部与导带底部发生交叠，带隙消失，说明半导体 AgO 的输运特性可以通过外部条件来调节。有意思的是 Ag_1、Ag_2 和 O 三原子的态密度在大致 $-6.5eV$ 附近出现谷底，谷底左侧区域以 Ag_2 原子的 4d 电子和 O 的 2p 电子杂化为主，而谷底右侧区域以 Ag_1、Ag_2 原子的 4d 电子和 O 2p 电子杂化为主。

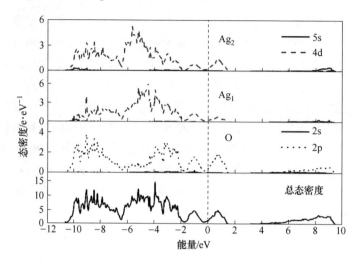

图 7-8 低压相 75GPa 时的电子态密度

图 7-9 所示为 R-3m 相 80GPa 时态密度，与低压相 P2$_1$/c 在 75GPa 时态密度相似，具有金属特征。且 Ag 原子的 4d 态的主峰和 O 原子的 2p 态的谷均位于大约 -4.5eV 附近，说明表明 Ag 原子的 4d 态和 O 原子的 2p 态之间存在弱杂化。此外，R-3m 相是一个金属相。R-3m 相的 Ag 原子的 4d 态的特征与 AgF$_2$[32] 晶体中 Ag 原子电子态密度以及 HgF$_3$[33] 晶体中 Hg 原子的电子态密度非常相似，说明它也具有 4d^9 的电子构型。虽然在该结构中 Ag 原子具有奇数电子构型，但其关于 R-3m 相的磁性计算结果表明，高压相的 AgO 是一种非磁性化合物，不同于 CuO$_3$[34]。

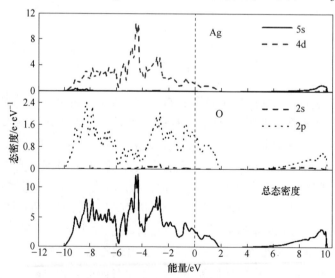

图 7-9 高压相 80GPa 时的电子态密度

在静置环境条件下，Ag 原子倾向避免二价态而大多以 Ag^+ 或 Ag^{3+} 的价态出现，例如，$Ag_2O^{[17]}$ 和 $AgNiO_2^{[35]}$ 中为 Ag^+ 态，$Ag_2O_3^{[17]}$ 中为 Ag^{3+} 态，AgO 中呈现混合价 Ag^+/Ag^{3+} 态。然而，本章的计算结果表明，它的 Ag^{2+} 价态的 Ag 可以通过加压而获得。

电子结构计算结果表明，AgO 的带隙随着压力的增加而减小，并在压强大约为 75GPa 时消失。在大约 75GPa 时，+1 价的 Ag_1 位获得如 +3 价的 Ag_2 位的方形平面构型，并且方形平面内的键长为 0.2404nm 和 0.2367nm，比 80GPa 时 R-3m 结构的 Ag—O 键（0.2152nm）略长。但在约 75GPa 时，$P2_1/c$ 相的 AgO_6 八面体与 R-3m 相中的八面体形状相似，说明低压相 $P2_1/c$ 结构中的 Ag 原子具有与高压相 R-3m 相结构相似的电子轮廓，说明半导体到金属的转变先于结构相变。AgO 的带结构特征与报道的 $CsAuI_3$ 在高压下的带隙闭合相似。

7.4 本章小结

通过 DFT+HSE 计算和结构在搜索方法，本章研究了 AgO 高压动力学稳定性和不同 Ag 位置周围氧环境随外部压强的演化情况。在静置环境下，AgO 晶体结构具有 $P2_1/c$ 空间对称性，晶格中具有两个不等价的 Ag 晶格点位 Ag_1 和 Ag_2。Ag_1 位和周围两个氧原子形成线型结构，Ag_1 位于该线型结构的中点，其有效电荷为 0.69e。Ag_2 与周围四个氧原子形成扭曲的方形平面结构，Ag_2 位于平面中心，氧原子位于平面的四个顶角，其键长相当，Ag_2 的有效电荷为 1.28e。$P2_1/c$ 相带隙为 1.2eV 是典型的半导体。但体系被施加压力后，Ag_1 的氧配位数随压强发生明显变化。75GPa 时，线型的 O—Ag_1—O 构型中 Ag_1 与次近邻氧原子结合，形成类似方形的平面构型，Ag_1 失电子能力明显增强。外部压强明显削弱了不等价晶格点位两种 Ag 原子的差异，同时 Ag 原子的 d 壳层具有未满带特征，导致带隙消失。随着压强的进一步增加，AgO_6 八面体空间体积被压缩难度增加，致使在约 77GPa 发生由 $P2_1/c$ 到 R-3m 的结构相变，并伴随着 Ag 原子的价态由混合价转变至单一价。

参 考 文 献

[1] Torrance J B, Lacorre P, Nazzal A I, et al. Systematic study of insulator-metal transitions in perovskites $RNiO_3$（R = Pr，Nd，Sm，Eu）due to closing of charge-transfer gap［J］. Phys. Rev. B, 1992, 45（14）：8209.

[2] Vobornik I, Perfetti L, Zacchigna M, et al. Electronic-structure evolution through the metal-insulator transition in $RniO_3$［J］. Phys. Rev. B, 1999, 60（12）：R8426.

[3] Alonso J A, García-Muñoz J L, Ferández-Díaz M T, et al. Charge disproportionation in $RNiO_3$ perovskites：Simultaneous metal-insulator and structural transition in $YNiO_3$［J］.

Phys. Rev. Lett. , 1999, 82 (19): 3871.

[4] Alonso J A, Martínez-Lope M J, Casais M T, et al. High-temperature structural evolution of RNiO$_3$ (R = Ho, Y, Er, Lu) perovskites: Charge disproportionation and electronic localization [J]. Phys. Rev. B, 2001, 64 (9): 094102.

[5] Mazin I I, Khomskii D I, Lengsdorf R, et al. Charge ordering as alternative to Jahn-Teller distortion [J]. Phys. Rev. Lett. , 2007, 98 (17): 176406.

[6] Cheng J G, Zhou J S, Goodenough J B, et al. Pressure dependence of metal-insulator transition in perovskites RNiO$_3$ (R = Eu, Y, Lu) [J]. Phys. Rev. B, 2010, 82 (8): 085107.

[7] Pickett W E, Quan Y, Pardo V. Charge states of ions, and mechanisms of charge ordering transitions [J]. J. Phys. Condens. Matter, 2014, 26 (27): 274203.

[8] Kojima N, Matsushita N. P-T phase diagram and Au valence state of the perovskite-type Au mixed-valence complexes M$_2$ [AuIX$_2$] [AuIIIX$_4$] (M = K, Rb, Cs; X = Cl, Br, I) [J]. Coord. Chem. Rev. , 2000, 198 (1): 251-263.

[9] Matsushita N, Ahsbahs H, Hafner S, et al. Single crystal X-ray diffraction study of a mixed-valence gold compound, Cs$_2$Au^{I}Au^{III}Cl$_6$ under high pressures up to 18 GPa: Pressure-induced phase transition coupled with gold valence transition [J]. J. Solid State Chem. , 2007, 180 (4): 1353-1364.

[10] Trigo M, Chen J, Jiang M, et al. Ultrafast pump-probe measurements of short small-polaron lifetimes in the mixed-valence perovskite CsAuI under high pressures [J]. Phys. Rev. B, 2012, 85 (8): 081102.

[11] Wang S, Hirai S, Shapiro M, et al. Pressure-induced symmetry breaking in tetragonal CsAuI$_3$ [J]. Phys. Rev. B, 2013, 87 (5): 054104.

[12] Wang S, Kemper A, Baldini M, et al. Bandgap closure and reopening in CsAuI$_3$ at high pressure [J]. Phys. Rev. B, 2014, 89 (24): 245109.

[13] Winkler B, Pickard C. Density-functional study of charge disordering in Cs$_2$Au (I) Au (III) Cl$_6$ under pressure [J]. Phys. Rev. B, 2001, 63 (21): 214103.

[14] Scatturin V, Bellon P, Salkind A. The structure of silver oxide determined by means of neutron diffraction [J]. J. Electrochem. Soc. , 1961, 108 (9): 819.

[15] Jansen M, Fischer P. Eine neue darstellungsmethode für monoklines silber (I , III) oxid (AgO), einkristallzüchtung und röntgenstrukturanalyse [J]. J. Less-Common Met. , 1988, 137 (1-2): 123-131.

[16] Park K, Novikov D, Gubanov V, et al. Electronic structure of noble-metal monoxides: PdO, PtO, and AgO [J]. Phys. Rev. B, 1994, 49 (7): 4425.

[17] Allen J P, Scanlon D, Watson G. Electronic structure of mixed-valence silver oxide AgO from hybrid density-functional theory [J]. Phys. Rev. B, 2010, 81 (16): 161103.

[18] Quan Y, Pickett W. Analysis of charge states in the mixed-valent ionic insulator AgO [J]. Phys. Rev. B, 2015, 91 (3): 35121.

[19] Bielmann M, Schwaller P, Ruffieux P, et al. AgO investigated by photoelectron spectroscopy: Evidence for mixed valence [J]. Phys. Rev. B, 2002, 65 (23): 235431.

［20］ Kresse G, Furthmuller J. Efficient iterative schemes for ab initio total-energy calculations using a plane-wave basis set ［J］. Phys. Rev. B, 1996, 54（16）: 11169-11186.

［21］ Blochl P. Projector augmented-wave method ［J］. Phys. Rev. B, 1994, 50: 17953-17979.

［22］ Kresse G, Joubert D. From ultrasoft pseudopotials to the projector augmented wave method ［J］. Phys. Rev. B, 1999, 59: 1758-1765.

［23］ Heyd S, Scuseria G, Ernzerhof M. Hybrid functionals based on a screened coulomb potential ［J］. J. Chem. Phys. , 2003, 118（18）: 8207-8215.

［24］ Monkhorst H J, Pack J D. Special points for brillouin-zone integrations ［J］. Phys. Rev. B, 1976, 13（12）: 5188.

［25］ Lv J, Wang Y, Zhu L, et al. Particle-swarm structure prediction on clusters ［J］. J. Chem. Phys. , 2012, 137（8）: 084104.

［26］ Wang Y, Lv J, Zhu L, et al. CALYPSO: A method for crystal structure prediction ［J］. Computer Physics Communications, 2012, 183（10）: 2063-2070.

［27］ Lv J, Wang Y, Zhu L, et al. Predicted novel high-pressure phases of lithium ［J］. Phys. Rev. Lett. , 2011, 106（1）: 015503.

［28］ Zhu L, Liu H, Pickard C J, et al. Reactions of xenon with iron and nickel are predicted in the Earth's inner core ［J］. Nat. Chem. , 2014, 6（7）: 644-648.

［29］ Tang W, Sanville E, Henkelman G. A grid-based bader analysis algorithm without lattice bias ［J］. J. Phys. : Condens. Matter, 2009, 21（8）: 084204.

［30］ Breyfogle B, Hung C, Shumsky M, et al. Electrodeposition of silver（Ⅱ）oxide films ［J］. Soc. , 1996, 143（9）: 2741.

［31］ Raju N R C, Kumar K J, Subrahmanyam A. Physical properties of silver oxide thin films by pulsed laser deposition: Effect of oxygen pressure during growth ［J］. J. Phys. D. , 2009, 42（13）: 135411.

［32］ Grochala W, Hoffmann R. Real and hypothetical intermediate-valence Ag^{II}/Ag^{III} and Ag^{II}/Ag^{I} fluoride systems as potential superconductors ［J］. Angew. Chem, Int. Ed. , 2001, 40（15）: 2742-2781.

［33］ Botana J, Wang X, Hou C, et al. Mercury under pressure acts as a transition metal: Calculated from first principles ［J］. Angewandte Chemie International Edition, 2015, 54（32）: 9280-9283.

［34］ Chen X Q, Fu C L, Franchini C, et al. Hybrid density-functional calculation of the electronic and magnetic structures of tetragonal CuO ［J］. Physical Review B, 2009, 80（9）: 094527.

［35］ Wawrzyńska E, Codea R, Wheeler E M, et al. Dynamically induced frustration as a route to a quantum spin ice state in via virtual crystal field excitations and quantum many-body effects ［J］. Phys. Rev. Lett. , 2007, 98（15）: 157204.

附　　录

P2$_1$3 空间群的 12 个操作：

(1) x, y, z;

(2) $-x+1/2, z+1/2, -y$;

(3) $-x, y+1/2, -z+1/2$;

(4) $x+1/2, -y+1/2, -z$;

(5) z, x, y;

(6) $z+1/2, -x+1/2, -y$;

(7) $-z+1/2, -x, y+1/2$;

(8) $-z, x+1/2, -y+1/2$;

(9) y, z, x;

(10) $y+1/2, -z+1/2, -x$;

(11) $-y+1/2, -z, x+1/2$;

(12) $-y, z+1/2, -x+1/2$